生命科学实验指南系列

生物工程实验指南
——基本技术实验原理与实践

主　编　胡　兴　宋松泉
副主编　曾军英　付　明　邹　娟

U0225844

科学出版社

北　京

内 容 简 介

　　本书打破以理论课程体系与知识体系设置实验课程和实验内容的传统，突出以生物工程技术为主线，建立了全新的按专业整体性设置生物工程实验教学的新体系。全书分为基本技术与原理和基本技术实验两部分。基本技术与原理包括离心技术、分光光度技术、色谱技术、电泳技术、显微摄影技术、染色体制备技术、荧光染色技术、PCR 技术、微生物菌种保藏技术等基本技术；基本技术实验由 26 个实验组成。书后附有实验室要求与规范、常用仪器的使用、器皿的洗涤、溶液的配制及常用试剂。

　　本书可作为高等院校生物工程及其他生物学相关专业的本科生教材，也可供相关专业技术人员参考。

图书在版编目（CIP）数据

　　生物工程实验指南：基本技术实验原理与实践/胡兴，宋松泉主编. ——北京：科学出版社，2019.6
　　（生命科学实验指南系列）
　　ISBN 978-7-03-061527-5

　　Ⅰ. ①生… Ⅱ. ①胡… ②宋… Ⅲ. ①生物工程–实验–指南
Ⅳ. ①Q81-33

　　中国版本图书馆 CIP 数据核字(2019)第 108661 号

责任编辑：王海光　王　好 / 责任校对：张怡君
责任印制：赵　博 / 封面设计：刘新新

科学出版社 出版
北京东黄城根北街 16 号
邮政编码：100717
http://www.sciencep.com
北京天宇星印刷厂印刷
科学出版社发行　各地新华书店经销
*

2019 年 6 月第 一 版　　开本：720×1000　B5
2024 年 9 月第三次印刷　　印张：14 3/4
字数：297 000
定价：98.00 元

（如有印装质量问题，我社负责调换）

前　　言

　　生物工程专业是一个培养生物技术与工程应用型人才的专业，要求学生掌握生物学与生物工程方面的基本理论、基本知识和基本技能，能在生物技术与生物工程相关领域从事产品的设计、生产、管理及新技术和新产品的研发。实验教学是落实生物工程专业应用型高素质人才培养的关键，是培养学生实践创新能力的有效途径。

　　目前，大部分高等院校生物工程本科教学都是以理论课程为核心设置实验课程的传统教学模式，即"一门理论课程加一门实验课程"，实验教学一直辅助理论教学，从属于各门理论课程。这种情况导致实验课程门数多，实验课程之间存在不同程度的重复现象。此外，实验课程注重以知识体系为主线构建，造成实验课程的知识点相对分散、孤立，不能串联在一起，实验环节缺乏连贯性、完整性和系统性；开设的实验大多数以基础验证性实验居多，综合性、研究性、创新性实验较少，导致学生独立设计、工程技术运用等能力无法得到充分锻炼，极大地制约了学生创新、创造能力的提升；实验课程考核门数多，考核方式单一，考核评价不够科学合理等问题，也使得目前的生物工程专业实验教学体系难以满足应用型人才培养的需求，不利于学生实践、创新能力的培养。因此，我们紧扣生物工程专业的内涵与要求，围绕专业核心内容，以实验项目为载体，采用递进式的设计模式，建立了全新的按专业整体性设置生物工程实验教学的体系。该体系着重培养生物工程专业学生熟练掌握本专业实验基本技术能力，综合运用实验技术能力及创造性开展设计实验能力。我们将整个生物工程专业实验课程设置为"生物工程实验指南——基本技术实验原理与实践""生物工程实验指南——综合实验原理与实践"和"生物工程实验指南——设计创新实验原理与实践"3门实验课程。

　　本书是3门课程教材之一，是编者结合多年来教学和研究工作，在广泛收集国内外文献的基础上编写而成。全书分为基本技术与原理和基本技术实验两部分，书后附有实验室规则与要求、常用仪器的使用、器皿的洗涤、溶液的配制及常用试剂。本书的第一部分由胡兴、邹娟、赵丽娟和宋松泉（怀化学院/中国科学院植物研究所）共同执笔；第二部分的实验一至实验八由付明执笔，实验九至实验十三由刘胜贵和邹娟执笔，实验十四至实验十六由谭娟执笔，实验十七和实验十八由李洪波执笔，实验十九和实验二十由赵丽娟和向小亮执笔，实验二十一至二十三由曾军英执笔，实验二十四至实验二十六由李洪波和魏麟执笔；附录部分由胡兴、付明和邹娟整理。全书由胡兴和宋松泉负责统稿。

本书在编写过程中得到了怀化学院民族药用植物资源研究与利用湖南省重点实验室、湘西药用植物与民族植物学湖南省高校重点实验室、湖南省"双一流"应用特色学科建设项目（生物工程）和怀化学院教材出版基金的资助，在此一并表示衷心的感谢。

由于作者水平有限，书中难免有不足之处，敬请读者批评指正。

作　者

2018 年 12 月于怀化学院

目　　录

第一部分　基本技术与原理

第二部分 基本技术实验

第一部分
基本技术与原理

第一章 离 心 技 术

离心技术是蛋白质（酶）、核酸和细胞亚组分分离最常用的方法之一，也是生物工程实验室中常用的分离和纯化的方法。

一、离心技术的基本原理

将样品放入离心机转头的离心管内，离心机驱动时，样品液就随离心管做匀速圆周运动，于是就产生了一个向外的离心力。由于不同颗粒的质量、密度、大小和形状等彼此各不相同，在同一固定大小的离心场中沉降速度也就不相同，由此便可以使其相互分离。

二、离 心 装 置

离心机是实施离心技术的装置，一般由主机、转头、离心管三部分组成。根据转速或者离心力的大小，离心机可分为三种类型，即低速离心机[转速在 2000～6000 r/min，最大相对离心力（relative centrifugal force，RCF）可达 6000 g]、高速离心机（转速在 18 000～25 000 r/min，最大 RCF 达 60 000 g）、超速离心机（转速在 40 000～100 000 r/min，最大 RCF 达 803 000 g）。超速离心机按性能又分为分析型、制备型和分析制备型三类。作为生物工程实验室的分离手段，最常使用的是制备型高速离心机和超速离心机。

三、离 心 方 法

制备型超速离心法可用来分离细胞、亚细胞或生物大分子。根据分离的原理不同，制备型超速离心又可分为差速离心法（differential centrifugation）和密度梯度离心法（density gradient centrifugation）两种。

1. 差速离心法

差速离心法又叫分级分离法（fractionation method）。装有不均一粒子的离心管在离心机中高速旋转时，大小、密度不同的粒子将以各自的沉降速率移向离心管底部。如果设计一定的转速和离心时间，沉降速率最大的组分将首先沉淀在离心管底部，沉降速率中等及较小的组分继续留在上清液中。将上清液转移至另一离心管中，提高转速并设计一定的离心时间，就可获得沉降速率中等的组分。如此分次操作，就可在不同转速与时间组合条件下，实现沉降速率不同的各个组分的分离（图 1-1）。

用差速离心法分离到的某一组分，其实并不十分均一，沉淀中往往混有部分沉降速率稍小一些的组分。此时，可在沉淀中添加相同介质令沉淀悬浮，再用较低转速离心，获得较纯的沉淀而洗去大部分杂质。如此反复采用高速、低速离心操作，即可获得较纯的组分。

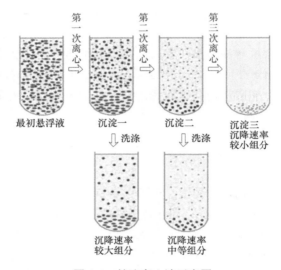

图 1-1　差速离心法示意图

差速离心法是基于不同组分沉降速率不同而实现混合物分离的方法，操作比较简单；但差速离心法的效率低、费时间，得到的组分不太均一，悬浮洗涤虽然可以提高分离组分的纯度，但会降低其回收率，当组分差异过小时，多次洗涤、分离也将无济于事。此时，就需要考虑换用分辨率更高的离心方法。

2. 密度梯度离心法

如果离心操作在一种连续密度梯度介质中进行，这类离心方法就称为密度梯度离心。它比差速离心法复杂，但具有很好的分辨能力。密度梯度离心可以同时使样品中几个或全部组分分离，这更是差速离心法所不及的。根据操作方法的不同，密度梯度离心法又可分为速率区带离心（rate zonal centrifugation）和等密度离心（isodensity centrifugation）两种。

（1）速率区带离心

首先在离心管中灌装好预制的一种正密度梯度介质溶液，在其表面小心铺上一层样品溶液（图1-2）。离心期间，样品中各组分会按照它们各自的沉降速率沉降，被分离成一系列的样品组分区带，故称速率区带离心。

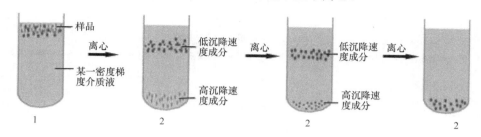

图1-2　速率区带离心示意图
1. 装满密度梯度液的离心管，把样品加在梯度液的顶部；
2. 在离心力的作用下颗粒根据各自的质量按不同的速度移动

预制密度梯度介质的作用有两个，一是支撑样品，二是防止离心过程中产生的对流对已形成区带的破坏作用。但是样品液的密度一定要大于密度梯度介质的最大密度，否则就不能使样品各组分得到有效的分离。也正因为如此，速率区带离心的时间不能过长，必须在沉降速率最大的组分区带沉降到离心管底部之前就停止离心。不然，样品中所有的组分都将共同沉淀下来，不能达到分离的目的。

速率区带离心依据样品中各组分沉降速率的差别而使其相互分离。离心过程中，各组分的移动是相互独立的。因此，沉降系数（sedimentation coefficient，S）值相差很小的组分也能得到很好的分离，这是差速离心做不到的；但速率区带离心不适于大量制备实验。

（2）等密度离心

如果离心管中介质的密度梯度范围包含待分离样品中所有组分的密度，离心过程中各组分将逐步移至与它本身密度相同的地方形成区带（图1-3），这种分离方法称为等密度离心。

在等密度离心中，各组分的分离完全取决于组分之间的密度差。离心时间的延长或转速的提高不会破坏已经形成的样品区带，也不会发生共沉淀现象。

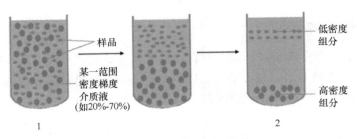

图 1-3 等密度离心示意图

1. 样品和密度梯度溶液的均匀混合液；2. 在离心力作用下，梯度重新分配，样品区带呈现在各自的等密度处

第二章　分光光度技术

一、仪器的类型与组成

分光光度计能在紫外-可见光谱区域内对样品组分作定性和定量分析，广泛应用于医药卫生、临床检验、生物化学、石油化工、环境保护、质量控制等领域，是生物工程和理化实验室常用的分析仪器之一。分光光度计种类很多，按光路系统可分为单光束和双光束分光光度计；按测量方式可分为单波长和双波长分光光度计；按绘制光谱图的检测方式可分为分光扫描检测与二极管阵列全谱检测。

紫外-可见分光光度计是由光源、单色器、吸收池、检测器和信号处理器等部件组成。光源的功能是提供足够强度的、稳定的连续光谱。紫外光通常用氢灯或氘灯，可见光通常用钨灯或卤钨灯。单色器的功能是将光源发出的混合光分解，从中分出所需波长的单色光。色散元件有棱镜和光栅两种。可见光的测量用玻璃吸收池，紫外光的测量须用石英吸收池。检测器的功能是通过光电转换元件检测透过光的强度，将光信号转变成电信号。常用的光电转换元件有光电管、光电倍增管和光二极管阵列检测器。

二、仪器的工作原理

分子的紫外或者可见吸收光谱是由于分子中的某些基团吸收了紫外或者可见辐射光后，发生了电子能级跃迁而产生的吸收光谱。由于各种物质具有不同的原子、分子和不同的空间结构，其吸收光能量的情况也就有所不同；因此，每种物质就有其特有的、固定的吸收光谱曲线。可根据吸收光谱上的某些特征波长处的吸光度的高低来判别或测定该物质的浓度，这就是分光光度技术定性和定量分析的基础。

分光光度计的基本原理是溶液中的物质在光的照射下，发生了对光的特定吸收效应。各种不同的物质具有其各自的吸收光谱，因此当某种波长的光通过溶液时，其能量就会被吸收而减弱；光能减弱的程度与物质的浓度有一定的比例关系，即符合 Lambert-Beer 定律：

$$A = \varepsilon bc$$

式中，A 为吸光度，ε 为摩尔吸光系数，b 为液池厚度，c 为溶液浓度。

一定物质在一定波长下，其摩尔吸光系数是一个定值。因此，可以根据摩尔吸光系数作定性分析。另外，同一物质在不同波长下测得的吸光系数不同，吸光系数值越大，表示该物质对该波长的光吸收能力越强，测定分析的灵敏度也就越高。因此，在定量分析中，尽量采用吸光系数最大的单色光。

根据 Lambert-Beer 定律，当 ε、b 一定时，溶液的吸光度（A）与浓度（c）成正比。因此，通过测定已知浓度的标准溶液和待测样品溶液的吸光度，就可以求出待测样品溶液的浓度。

三、仪器的工作环境

1）仪器应安放在干燥的房间内，工作温度为 5～35℃。
2）使用时放置在坚固的工作台上，且避免强烈震动或持续震动。
3）室内照明不宜太强，且避免直射日光的照射。
4）电扇不宜直接吹向仪器，以免影响仪器的正常使用。
5）尽量远离高强度的磁场、电场及发生高频波的电器设备。
6）避免在硫化氢、亚硫酸、氟化氢等腐蚀性气体的场所使用。

四、注　意　事　项

1）开机前将样品室内的干燥剂取出，仪器自检过程中禁止打开样品室盖。
2）比色皿内的溶液以皿高的 2/3～4/5 为宜，不可过满以防液体溢出腐蚀仪器。测定时应保持比色皿清洁，池壁上的液滴应用擦镜纸擦干，切勿用手捏透光面。测定紫外波长时，需选用石英比色皿。
3）测定时，禁止将试剂或液体物质放在仪器的表面上，如有溶液溢出或其他原因将样品槽弄脏，要及时清理干净。
4）实验结束后将比色皿中的溶液倒尽，然后用蒸馏水或 70%乙醇冲洗比色皿至干净，倒立晾干。
5）关闭电源后，将干燥剂放入样品室内，盖上防尘罩，做好使用登记。

第三章　色谱技术

色谱技术（chromatographic technique）是一类物理分离方法，根据待分离混合物中各组分物理化学性质的差别，使各组分以不同程度分布在固定相（stationary phase）和流动相（mobile phase）两相中，由于各组分随流动相移动的速度不同，从而得到有效的分离。

按照操作形式的不同，色谱技术可分为纸色谱法（paper chromatography）、薄层色谱法（thin layer chromatography）和柱色谱法（column chromatography）三类。尽管各种色谱方法在原理和操作上有所不同，但其基本操作步骤都包括选择适当的吸附剂、加样、展开、检出鉴定 4 个环节。本章重点介绍常用的几种色谱方法。

一、纸色谱法

纸色谱法是以纸为载体的色谱法。固定相一般为纸纤维上吸附的水分，流动相为不与水相溶的有机溶剂；也可使用滤纸纤维吸附的其他物质作为固定相，如缓冲液、甲酰胺等。将试样点在纸条的一端，然后在密闭的槽中用适宜的溶剂进行展开；当移动到一定距离后，各组分的移动距离不同，最后形成互相分离的斑点。将纸取出，待溶剂挥发后，用显色剂或者其他适宜方法确定斑点的位置。根据各组分的移动距离，计算比移值（retention factorvalue，R_f）。

R_f = 组分移动的距离/溶剂前沿移动的距离

　　= 原点至组分斑点中心的距离/原点至溶剂前沿的距离

与已知样品比较，进行定性。用斑点扫描仪或者将组分点取下，以溶剂溶出组分，用适宜方法定量（如分光光度法、比色法等）。

纸色谱法易于操作，所需设备及试剂较为简单，经济快捷；适用于简单粗略的定性试验，如氨基酸的分离鉴定等。虽然也可用于定量，但精确度不高。

二、薄层色谱法

薄层色谱法是在玻璃板上涂布一层支持剂，待分离样品点在薄层板的一端，然后让推动剂从上流过，从而使各组分得到分离的物理方法。常用的支持剂有：硅胶、氧化铝、纤维素、硅藻土、DEAE-纤维素、交联葡聚糖凝胶等。支持剂根据分离原理分为不同种类，有分配色谱、吸附色谱、离子交换色谱、凝胶色谱等多种。

薄层色谱法设备简单，操作简便，快速灵敏。改变薄层厚度，既能做分析鉴定，又能做少量制备。配合薄层扫描仪，可以同时做定性和定量分析，在生物工程等领域是一类广泛应用的物质分离方法。

三、聚酰胺薄膜色谱法

用于聚酰胺薄膜色谱法（polyamide film chromatography）的聚酰胺有两类，一类是聚己二酰己二胺（尼龙66），另一类是聚己内酰胺（尼龙6）。这两类材质中，都含有大量的酰胺基团，故统称聚酰胺。聚酰胺以其—CO—或—NH—与极性化合物的—OH或$\equiv$O之间形成氢键，从而发生吸附作用。不同物质与聚酰胺之间形成氢键的能力不同。在聚酰胺薄膜上做色谱分离时，流动相从薄膜表面流过，被分离物质在溶剂和薄膜之间按分配系数的大小，发生不同速率的吸附与解吸过程，从而使混合物得到有序的分离。

聚酰胺薄膜对极性化合物有特异的分辨能力，灵敏度高、操作方便、速度快，且样点不扩散。有荧光的物质可用紫外灯检出，不必喷显色剂显色。聚酰胺薄膜可用来分离多种化合物。在蛋白质或者肽的N末端残基分析中是一个理想的方法，对丹酰氨基酸的分析可达$10^{-11}\sim10^{-9}$ mol/L水平。

四、凝胶色谱法

凝胶色谱法（gel chromatography）又称凝胶过滤（gel filtration），是一种柱色谱法。色谱柱中装填非水溶性凝胶，常用的材料有交联葡聚糖（sephadex）、交联琼脂糖（sepharose CL）、聚丙烯酰胺凝胶（polyacrylamide gel）、琼脂糖（agarose）、多孔玻璃（foam glass）、聚苯乙烯（polystyrene）等。这些材料制成凝胶颗粒，颗粒内部形成多孔的三维网状结构。这些凝胶材料是高度亲水的，吸水后显著膨胀。当在胶床表面加上分子大小不同的样品混合物，并用洗脱液洗脱时，样品直径小于网孔直径的小分子可以自由地进入胶粒内部，层层进入，流过很长路径才能流出柱子；而直径大于网孔直径受排阻的大分子不能进入胶粒内部，沿着胶粒之间的间隙向下流动，所经路径短，最先流出；通透性居中的分子则后于大分子而先于小分子流出。从而按由大到小的顺序实现大中小分子的分离。

凝胶色谱法工作条件温和，适于分离不稳定的化合物。凝胶材料本身不带电荷，不会与被分离物质相互作用，因而溶质的回收率接近100%。分离效果好，重现性强，完成一次分离需时较短。每个样品洗脱完毕，色谱柱已再生，可反复使用。样品的用量范围宽广，从分析量到试验工厂量均适合。现已广泛用于生化物质的分离、脱盐、制备、分子量测定等。

五、离子交换色谱法

在含有可与周围介质进行离子交换的基质上进行化合物分离的方法叫离子交换色谱法（ion-exchange chromatography，IEC）。IEC 是根据物质的酸碱性、极性和分子大小的差异而予以分离的柱色谱法。

可用于 IEC 的介质材料很多，最普遍应用的是离子交换树脂，这是人工合成的难溶于一般溶剂的高分子聚合物，可分为阳离子交换树脂（cation exchange resin）和阴离子交换树脂（anion exchange resin）两类。带有酸性可电离基团的以—SO_3H 表示，称为阳离子交换树脂；带有碱性可电离基团的以 R_4NOH 表示，称为阴离子交换树脂。

另外，把纤维素上少量羟基用弱电离基团取代制成的纤维素衍生物，在生化分离方面更为常用。它具有松散的亲水性网络，有较大的表面积，对生物大分子有较好的通透性。由于羟基被取代的百分比较低，离子交换纤维素的电荷密度比树脂低得多，所以洗脱条件温和，回收率高。常见的阴离子交换纤维素有磺酸甲基纤维素（sulfonic methyl cellulose，SMC）、羧甲基纤维素（carboxy methyl cellulose，CMC）、磷酸基纤维素（phosphate cellulose，PC）等，阳离子交换纤维素有二乙胺乙基纤维素（diethylamine ethyl cellulose，DEAEC）、三乙胺乙基纤维素（triethylamine ethyl cellulose，TEAEC）等。

根据 IEC 原理设计的氨基酸自动分析仪在生化分离中是非常有用的工具。

六、亲和色谱法

亲和色谱法（affinity chromatography）是利用生物大分子与某些相对应的专一分子特异识别和可逆结合的特性而建立起来的一种分离生物大分子的色谱方法。亲和色谱是分离蛋白质的一种有效的方法，通常只需一步处理即可得到纯度较高的某种蛋白质。它是根据不同蛋白质对特定配体的特异而非共价结合的能力不同进行蛋白质分离的技术。

在亲和色谱中可用琼脂糖、聚丙烯酰胺凝胶和受控多孔玻璃球（controlled porous glass ball）做色谱介质，以琼脂糖最为常用。琼脂糖是琼脂脱胶的产物，是由 D-半乳糖和 3,6-脱水半乳糖组成的链状高聚物。用琼脂糖做载体，非特异性吸附低，与被分离分子的作用微弱；多孔结构具有很好的液体流动性；在较宽的pH、离子强度和变性剂浓度范围内具有化学和机械稳定性。根据需要对其进行不同程度的活化处理，可以很好地与配基共价结合。

　　配基是发生亲和反应的功能部位，也是载体与被亲和分子之间的桥梁。配基本身必须具备两个基团，一个能与载体共价结合，另一个能与被亲和分子结合。可作配基的物质有酶底物的类似物、效应物和酶的辅助因子。在有些情况下，只要设法抑制酶的活力，也可用该酶的底物作配基。有亲和分子的物质原则上都可做配基使用，如固定化抗体可分离抗原，固定化抗原可分离抗体，固定化寡聚脱氧胸腺嘧啶核苷酸可以亲和分离 mRNA 等。

　　配基的固定化方法有多种，包括载体结合法、物理吸附法、交联法和包埋法等四类。亲和色谱中常用小分子化合物作配基或配体，亲和吸附与其相配的大分子物质。但固定配基时，往往占据了配基小分子表面的部分位置，由于载体的空间位阻效应可能影响配基与亲和分子的密切吻合，会发生所谓的无效吸附。此外，活化后的琼脂糖要求与带游离氨基的配基相连接，如果配基不具有游离氨基，就无法与载体相连接。

　　亲和色谱法是利用配基、配体之间的专一可逆结合性质进行物质分离的方法，因此其专一性、选择性是极高的，往往通过一次亲和色谱，就可把目的物从混合物中分离出来，对分离含量甚微的组分具有特殊的效果。

七、气相色谱法

　　气相色谱法（gas chromatography，GC）是柱色谱法的一种。色谱柱是其核心部分，有填充柱和毛细管柱两类，以前者较为常用。在填充柱里装有的色谱介质俗称担体，它可以是一种固体吸附剂，也可以是表面涂有耐高温液体（称固定液）的物质构成的固定相。在柱子进口端注入待分离的样品（气体或液体），在载气（也称流动相，常用氮气、氦气、氩气等惰性气体）推动下，样品进入色谱柱，在一定高温条件下，样品中各种组分气化并以不同的速率前进，从而逐渐分离开来。不容易被担体吸附或在固定相里分配系数小的组分，在柱中停留的时间较短首先从柱中流出，而容易被吸附或在固定相中分配系数大的组分，在柱中停留时间较长而后从柱中流出。不同时间流出的不同组分被检测器检出，检出信号经放大后由数据处理机记录下各组分出峰图谱。根据各组分的保留时间与标准物质比较，实现定性分析。根据归一化法、内标法、外标法和叠加法，对各组分可以进行定量分析。

　　各种气体、有挥发性的物质或经过衍生处理在一定温度条件下可气化的组分，原则上都可以用 GC 分离、分析。由于以惰性气体作为流动相，其黏度系数小，样品在气相与固定相之间的传质速率高，容易达到平衡，分离速度快。增加色谱柱的长度，能显著提高分辨率。气体组分的检出比液体容易，氢火焰离子化检测器（flame ionization detector，FID）、火焰光度检测器（flame photometric detector，FPD）、电子捕获检测器（electron capture detector，ECD）、化学发光检测器

（chemiluminescence detector，CLD）等多种检测器的使用，实现了组分检出的高度自动化。因此，GC 早已成为物质分离的现代方法。把 GC 作为分离工具，与红外、紫外、质谱仪等联合使用，在生物物质的研究中发挥了越来越大的作用。

八、高效液相色谱法

高效液相色谱法（high performance liquid chromatography，HPLC）是另一种柱色谱法，由于它具有 GC 的所有优点，又不要求样品是可挥发物质，凡是能用一定的溶剂溶解的组分原则上都可以用 HPLC 来分离，在完成柱后检测的同时，样品可用部分收集器回收，因此，HPLC 在生化研究中成为倍受欢迎的分离方法。

HPLC 一般由溶剂槽、高压泵（有一元、二元、四元等多种类型）、分析柱、进样器（手动或自动两类）、检测器（常见的有紫外检测器、折光检测器、荧光检测器等）、数据处理机或色谱工作站等组成。

HPLC 的核心部件是耐高压的细目柱。柱中装有粒径极小的担体，它具有实心的内核和多孔的外壳，在薄壳中涂有固定液。当样品进入分析柱后，其中的各种组分随流动相前移的速率不同，从而实现有效的分离。柱中担体有不同的类型，分离的原理视担体种类的不同而分为液-液分配色谱、液-固吸附色谱、离子交换色谱和凝胶渗透色谱等。它可以完成定性、定量分析，还可以用制备型色谱做一定量的制备。与 GC 相配合，可以完成绝大多数生物物质的分离和分析。

第四章 电 泳 技 术

一、电泳技术的基本原理

电泳（electrophoresis）是指带电物在电场中向着与其本身所带电荷相反的电极移动的现象。由于生物大分子所带电荷的数量及其在分子表面排布的差异，电泳主要用于生物大分子的分离和鉴定。电泳技术最早于十九世纪初应用于生物化学领域，1907 年有人曾研究过白喉毒素在琼脂中的电泳；1937 年瑞典的 Tiselius 建立了"移动界面电泳法"，将血清蛋白分成 5 个主要成分，即清蛋白、α_1-球蛋白、α_2-球蛋白、β-球蛋白和 γ-球蛋白。其后的几十年，电泳技术发展很快，各种类型的电泳技术相继诞生，如纸电泳、乙酸纤维薄膜电泳、聚丙烯酰胺凝胶电泳、琼脂糖凝胶电泳等；20 世纪 80 年代末又发展了毛细管电泳。由于电泳技术具有快速、简便及高分辨率等优点，其应用十分广泛。从分离与分析无机离子到复杂的生物大分子化合物，在放射化学、免疫化学生物化学及分子生物学等领域起重要的作用；此外，医药卫生部门还用作临床诊断。在各类电泳技术中，尤以凝胶电泳在分离分析蛋白质（酶）、核酸等生物大分子方面分辨力最高，为生物工程的发展做出了重大贡献。

电泳根据其分离的原理大致可分为四类，区带电泳（zone electrophoresis，ZEP）、移动界面电泳（moving boundary electrophoresis，MBEP）、等速电泳（isotachophoresis，ITP）和等电聚焦（isoelectric focusing，IEF）。

1. 区带电泳

不同的离子成分在均一的缓冲液系统中分离成独立的区带，可以用染色等方法显示出来，用光密度计扫描可得到一个个互相分离的峰。电泳的区带随时间延长和迁移距离加大而扩散严重，影响分辨率，加不同的介质可缓解扩散，特别是在凝胶中进行时，它兼具分子筛的作用，分辨率大大提高，是应用最广泛的电泳技术之一。

2. 移动界面电泳

移动界面电泳只能起到部分分离的作用，如将浓度对距离作图，则得到一个个台阶状的图形，最前面的成分一部分是纯的，其他则互相重叠。各界面可用光学方法显示，这就是由 Tiselius 于 1937 年最早建立的电泳方法。

3. 等速电泳

在电泳达到平衡后，各区带相随，分成清晰的界面，以等速移动。按距离对浓度作图也是台阶状，但不同于移动界面电泳，它的区带没有重叠，而是分别保持。

4. 等电聚焦

由多种具有不同等电点的载体两性电解质在电场中自动形成 pH 梯度，被分离物则各自移动到其等电点而聚集成很窄的区带，分辨率很高。

二、影响电泳的因素

1. 电泳速率

设溶液中有一带有正电荷 Q 的颗粒，在强度为 E 的电场影响下移动，带电颗粒所受的力为 $F = QE$。同时此颗粒的移动受到方向相反的摩擦力 F' 的阻碍，则：

$$F' = fv$$

式中，f 为摩擦系数；v 为速率。

当这两种力相等时，颗粒以速率 v 向前迁移。即 $QE = fv$，$v = QE/f$。摩擦系数 f 和扩散系数 D 的关系为

$$f = KT/D$$

式中，K 为布氏常数；T 为绝对温度。

根据 Stoke 定律，球形分子在溶液中泳动所受的阻力 F' 为

$$F' = 6\pi r\eta v$$

式中，r 为颗粒半径；η 为介质黏度；v 为泳动速率。

又 $F' = fv$，可知 $f = 6\pi r\eta$，$v = QE/6\pi r\eta$。因此，带电颗粒在电场中的电泳速率 v 与其所带电荷 Q、电场强度 E 成正比，与颗粒半径 r 大小、介质黏度系数 η 成反比。即在同一电场同一介质中的颗粒，如带电荷数不同或颗粒大小不同，则各自电泳的速率不同，因而电泳能使各颗粒分开。

2. 迁移率

颗粒在电场中移动的快慢一般不用电泳速率来表示。因为同一颗粒在不同电场中其电泳速率是不同的，由 $v = QE/f$ 或 $F' = 6\pi r\eta v$，可见速率是电场强度的函数，$V = f(E)$，用 v 不能反映颗粒本身的特性。因此，颗粒移动快慢通常用迁移率 μ 或 m 来表示。泳动度为带电颗粒在单位电场强度下的电泳速率为

$$\mu = v/E = (d/t)/(V/l) = dl/Vt \ [cm^2/(V \cdot s)]$$

式中，d 为颗粒泳动距离，cm；l 为支持物的有效长度，cm；V 为加在支持物两端

的实际电压，V；t 为通电时间，s。

由于 $v = QE/6\pi r\eta$，可知 $\mu = Q/6\pi r\eta$。由此可见，迁移率与带电颗粒的带电荷数、半径、介质黏度有关，而与电场强度无关。所以说，在确定条件下，某物质的迁移率为常数，是该物质的物化特性常数。

3. 有效迁移率

由迁移率的定义式 $\mu = v/E$ 可得，$v = \mu E$，即电泳速率与迁移率和电场强度成正比。

电解质在溶液中不同程度的电离对离子迁移速率影响较大，因此，在实际电泳过程中，离子在电场力作用下电流速度 v 为

$$v = \alpha\mu E$$

式中，α 为电离度；μ 为离子迁移率；$\alpha\mu$ 为有效迁移率。

显然，带电颗粒的有效迁移率大，其电泳速率也就大。

4. 电场

（1）电场强度或电势梯度

电场强度是指单位长度上的电压降（V/cm）。由 $v = QE/f$ 可见，电场强度 E 对电泳速率起着十分重要的作用，电场强度越大，电泳速率越快，单位时间内颗粒迁移的距离就越大，电泳时间就可缩短。

根据电场强度的大小可将电泳分为两类：常压电泳（100～500 V）与高压电泳（500～1000 V），前者电场强度一般为 2～10 V/cm，后者为 20～200 V/cm。常压电泳分离时间长，需数小时到数天，多用于分离大分子物质；高压电泳分离时间短，有时仅需数分钟，多用于分离小分子物质。

在实际工作中有时需要进行快速电泳，如果没有高压电泳设备，人们往往利用上述原理，把常压电泳槽小型化，缩短支持介质的两端距离。例如，将原来两端相距 20 cm 改为 5 cm，此时外加电压虽仍是 200 V，但电场强度则从 10 V/cm 变为 40 V/cm，这就加快了电泳速率。有时为了使样品迁移率放慢，也可调小电压，降低电势梯度。

（2）电极和电极反应

电泳的电极材料大都选用铂金丝，铂金丝的安放位置影响电场强度。如两极间铂金丝位置放得不好，电场强度不均匀，常会使电泳谱带弯曲或同一样品的迁移率不一样。在电泳过程中，正负极均可看到气体产生，负极（还原极）有密集的氢气泡（$2 H_2O + 2 e^- \rightarrow 2 OH^- + H_2$），正极（氧化极）有较大的氧气泡（$H_2O \rightarrow 2 H^+ + 1/2 O_2 + 2e^-$），电泳过后，两个电泳槽的 pH 可相差 2～4。另外，电泳过程

中会产生热量，尤其是高压电泳，因此高压电泳槽要附冷却设备，常压电泳可放在冰箱中降温。

5. 缓冲液

缓冲液的成分和浓度决定并稳定地支持介质的 pH 和溶液的离子强度，并影响着带电颗粒的迁移率。

（1）成分

通常电泳用的缓冲液有巴比妥（钠）、硼酸（钠）、磷酸盐和三羟甲基氨基甲烷（Tris）等。要根据电泳类型和对象选用缓冲液成分，如用纸电泳分离血清蛋白可选用巴比妥-巴比妥钠缓冲液，而聚丙烯酰胺凝胶电泳分离酶常用 Tris-甘氨酸缓冲液。对缓冲液成分的总要求是不使样品变性，不改变支持物的理化性质，不影响电泳后染色，有利于电泳的进行和样品的分离。

（2）浓度

缓冲液的浓度主要影响溶液的离子强度（μ）。离子强度是离子浓度（C_i）和离子价数（Z_i）的函数，$\mu = f(C_i、Z_i)$，稀溶液的离子强度的计算公式为

$$\mu = 1/2\sum_1^s C_i Z_i^2$$

式中，s 为共有 s 种离子；C_i 为离子的摩尔浓度；Z_i 为离子价数。

例如，0.01 mol/L Na$_2$SO$_4$ 加 0.02 mol/L NaCl 溶液的离子强度应为

$$\mu = 1/2(0.01 \times 1^2 + 0.01 \times 2^2 + 0.02 \times 1^2 + 0.02 \times 1^2) = 0.045$$

离子强度越高，颗粒的迁移率就越慢。在电解质溶液中，带电荷的颗粒能把一些带有相反电荷的离子吸引在其周围，形成一个离子扩散层。一方面影响颗粒所带的电荷，降低其在电场中的电场力 F，从而影响迁移率（$v = QE/f$）；另一方面，当加以电场时，颗粒向与其电荷相反的电极移动，即带正电荷颗粒移向负极，带负电荷颗粒移向正极。离子扩散层由于携带过剩的与颗粒相反的电荷，则向相反方向移动，结果因颗粒与离子扩散层之间的静电引力，使颗粒迁移率减慢。$\mu = 1/2\sum_1^s C_i Z_i^2$ 是在理想的绝缘体系下推导的，如果考虑离子强度的影响，则：

$$\mu = (Q/6\pi r\eta)/(1+k\mu^{1/2}r)$$

式中，k 为常数，25℃时 k = 0.33×10^3。

缓冲溶液浓度低时，离子强度减少，会影响溶液的导电性，样品分子扩散加重，分辨率下降。因此缓冲液的离子强度应有个适宜的范围，一般控制在 0.02～0.2。

（3）pH

溶液的 pH 决定了带电颗粒解离的程度，决定了物质所带电荷的性质和数量，

也决定了样品的迁移方向。以蛋白质为例，当溶液的 pH 低于蛋白质等电点时，蛋白质分子带正电荷成为阳离子；当溶液 pH 大于等电点时，蛋白质分子带负电荷，成为阴离子；pH 离等电点越远，颗粒所带净电荷越多，迁移率越快，反之越慢。

因此，当分离某一蛋白质混合物时，应选择一种能扩大各种蛋白质所带电荷量差异的 pH 缓冲液。电泳时，正负电极接线也要随 pH 变化而变化，如在碱性条件下，蛋白质带负电荷，正极应接在远离加样品的一方，以使蛋白质在支持物上定向迁移。

6. 支持物

多数电泳都有支持物，如纸电泳、乙酸纤维薄膜电泳、聚丙烯酰胺凝胶电泳，然而支持物的结构与性质对带电颗粒的迁移率有很大的影响，主要表现为对样品的吸附，产生电渗与分子筛效应。支持物对样品的吸附，使带电颗粒泳动过程中摩擦力增加，一方面降低了迁移率，另一方面导致样品拖尾，使分辨率下降。

在电场中液体对于固体支持物的相对移动称为电渗。例如，在纸电泳中，由于组成纸的纤维素带负电荷，因感应相吸而使与纸相接触的水层带正电荷（H_3O^+），使溶液在电场作用下向负极移动，并带动物质向负极移动。如果样品原来带正电荷应向负极移动，结果由于电渗使样品移动得更快，反之就会变慢，甚至倒退。用 pH 8.6 的巴比妥缓冲液进行血清纸电泳，在这 pH 下蛋白质带负电荷应向正极移动，可是 γ-球蛋白却移向负极，这就是电渗造成的，因为这时溶液向负极流动，对蛋白质颗粒泳动起阻碍作用，又加上 γ-球蛋白分子颗粒较大，移动慢，电渗作用大于颗粒的泳动力，结果使颗粒后退。纸和淀粉等支持物电渗作用明显，乙酸纤维和聚丙烯酰胺凝胶电渗较小。

分子筛是凝胶电泳的一个特性，用来作电泳的凝胶通常具有网状结构和有弹性的半固体物质，具有分子筛作用，使小颗粒易透过，而大颗粒不易通过；凝胶的分子筛效应对分离样品是有利的。下面主要介绍琼脂糖凝胶电泳和聚丙烯酰胺凝胶电泳的原理与技术。

三、琼脂糖凝胶电泳技术

琼脂糖是从海藻中提取的线状多聚物。加热到 90℃左右，琼脂糖即可熔化形成清亮透明的液体，浇在模板上冷却后固化形成凝胶，其凝固点为 40~45℃。琼脂糖凝胶电泳（agarose gel electrophoresis）是利用 DNA 分子在泳动时的电荷效应和分子筛效应达到分离 DNA 混合物的目的。DNA 分子在碱性条件下（pH 8.0~8.3），碱基几乎不解离，而链上的磷酸基团解离，所以整个 DNA 分子带负电，在电场中向阳极移动。在一定的电场强度下，DNA 分子的迁移率取决于分子本身的大小和构型，与其相对分子质量成反比。不同的核酸分子的电荷密度大致相同，因此对电泳速率影响不大。在碱性条件下，单链 DNA 与等长的双链 DNA 的电泳速率大致相同。

琼脂糖凝胶电泳现大多使用水平电泳槽。水平电泳槽在凝胶的制备上比较灵活，且可使用低浓度的凝胶。由于水平电泳槽的两极是相通的，这样正负极的缓冲液也不会因为电泳时间久了而产生太大的差异。

核酸电泳最常采用的缓冲液有 Tris-乙酸电泳缓冲液（Tris-acetate-EDTA，TAE）和 Tris-硼酸电泳缓冲液（Tris-Borate-EDTA，TBE）两种。由于这些缓冲液的 pH 是碱性的，这就使得整条 DNA 链上的磷酸骨架的净电荷为负，从而在电泳时能向正极泳动。

TAE 是最常用的电泳缓冲液，但 TAE 的缓冲能力弱，在长时间的电泳中缓冲能力逐渐丧失，因此长时间电泳时需循环或更换缓冲液；而 TBE 的缓冲能力较强，长时间电泳时不需要更换或循环。

当 DNA 短于 12 kb 且不需要回收时，用 $1 \times$ TAE 或 $0.5 \times$ TBE 或 $1 \times$ TBE 进行电泳均可。如果片段较大，则最好使用 TAE 为缓冲液，同时将电场强度调低（1～2 V/cm）。这样可减少 DNA 形成弥散带的概率。TBE 则适用于分离<1 kb 的小片段。

电泳时，不论使用哪种缓冲液，只要液面高出水平胶面 3～5 mm 即可。缓冲液太少，则可能使胶在电泳过程中变干；缓冲液太多，则会减弱 DNA 的迁移率，使带变形，还会产生大量的热。

不同浓度的琼脂糖凝胶形成的分子筛孔径大小不同。因此需要根据分离的需要，选择适当浓度的凝胶（表 4-1）。

表 4-1　分离不同大小 DNA 片段的合适琼脂糖凝胶浓度

琼脂糖浓度（m/V）/%	分离 DNA 片段的有效范围/kb
0.5	1～30
0.7	0.8～12
1.0	0.5～10
1.2	0.4～7
1.5	0.2～3

1. 琼脂糖凝胶中 DNA 的检测

核酸电泳中常用的染色剂是溴化乙啶（ethidium bromide，EB）。用 EB 染色可以检测到 1～5 ng 双链 DNA/带。此外，也可用 SYBR Green I 或 II 染色。这两种染色剂的灵敏度较 EB 高，SYBR Green I 和 II 分别可检测到 60 pg 双链 DNA/带和 5 ng 双链 DNA/带。EB 也可用于检测单链 DNA，只是与单链 DNA 的结合能力稍为弱些。EB 可以嵌入碱基之间，从而增加荧光强度。EB 与 DNA 的复合物可以用紫外光检测。不同波长的紫外光能为 DNA 或 EB 吸收，被吸收的能量再转化为波长 590 nm 的可见光发射出来。

通常用水将 EB 配制成 10 mg/mL 的贮存液。EB 见光分解，所以应在避光条件下保存，也可以保存在棕色或者有铝铂包裹的小瓶中。要获得较好的观察效果，最好是在电泳结束后用 EB 对琼脂糖凝胶进行染色。其方法是在电泳结束后，将胶（制备胶时不加 EB）取出，浸泡在浓度为 0.5 µg/mL 的 EB 溶液中（此溶液可用蒸馏水，也可用电泳缓冲液配制），于室温下染色 20 min。EB 溶液需要没过胶平面。另一种方法是在配制凝胶时加入 EB，使其终浓度为 0.5 µg/mL。EB 掺入 DNA 分子中，可以在电泳后直接观察核酸的迁移情况；但是，加入 EB 后，DNA 分子的迁移率降低约 15%。

上样缓冲液在 DNA 电泳过程中起 3 种作用。①增加样品的密度，使得 DNA 样品能够平稳地加入样品孔中。②给样品上色，便于点样。③上样缓冲液中含有可在电场中移动的染料。这些染料在电场中以可以预测的速率移向正极，这就便于监控电泳过程。溴酚蓝在琼脂糖凝胶中的迁移率约相当于二甲苯青 FF 的 2.2 倍，溴酚蓝在 0.5%～1.4% 的琼脂糖凝胶中的迁移率大约相当于 300 bp 的线性 DNA 的迁移率，而二甲苯青 FF 的迁移率相当于 4 kb 的双链线形 DNA 的迁移率。

电压可以依据 DNA 片段大小进行选择，表 4-2 给出不同大小的 DNA 片段电泳时的最佳电压，供电泳时参考。这里的距离指的是正负两个电极间的距离，而不是电泳槽的长度。例如，最适电场强度是 5 V/cm，两个电极间的距离是 26 cm，则电泳时使用的电压应该是 130 V。

表 4-2　不同大小 DNA 片段电泳时选择的最佳电场强度

DNA 大小/kb	电场强度/(V/cm)
<1	5
1～12	4～10
>12	1～2

在进行琼脂糖凝胶电泳前，建议最好测量一下所用的塑料托盘的尺寸及所用的电泳槽两个电极间的距离。一般情况下，凝胶的最适厚度为 3～5 mm，根据这个标准及塑料托盘的长宽，就可以算出配胶时需要的缓冲液的量。知道了电泳时最适电压及两电极间的距离，就可选择合适的电压。

2. 琼脂糖凝胶中 RNA 的检测

用琼脂糖凝胶检测 RNA 分为非变性 RNA 电泳和变性 RNA 电泳，非变性条件下的 RNA 凝胶电泳保留了 RNA 分子的二级结构。琼脂糖通常优于丙烯酰胺，因为其毒性较低,并且在可分离典型 RNA 分子的浓度下更易于处理。方法同 DNA 电泳,凝胶浓度为 1.0%~1.4%。不同的 RNA 条带能分开,但无法判断其分子量。

为了准确测定 RNA 片段的分子量,使用变性条件进行 RNA 凝胶电泳是至关重要的。变性条件可破坏氢键,使 RNA 作为单链分子电泳而不具有二级结构。在完全变性的条件下,RNA 的电泳速率才与分子量的对数呈线性关系。因此要测定 RNA 分子量时,一定要用变性凝胶。变性试剂包括乙二醛、甲酰胺和甲基汞。这些化合物的缺点在于具有毒性,需谨慎处理。

四、聚丙烯酰胺电泳技术

聚丙烯酰胺凝胶电泳(polyacrylamide gel electrophoresis,PAGE)是以聚丙烯酰胺凝胶作为支持介质的电泳方法。在这种支持介质上可根据被分离物质的分子大小和电荷多少来分离。

聚丙烯酰胺凝胶是由单体丙烯酰胺(acrylamide,Acr)和交联剂 N^1,N^1-甲叉双丙烯酰胺(N,N-methylene bisacrylamide,Bis)在催化剂的作用下聚合而成的含酰胺基侧链的脂肪族长链,相邻的两个链通过甲叉桥交联起来,链纵横交错,形成三维网状结构的凝胶。参与反应的催化剂有两种成分。一是引发剂,它提供原始自由基,通过自由基传递,使丙烯酰胺成为自由基,发动聚合反应;二是加速剂,它加快引发剂释放自由基的速率。

过硫酸铵(ammonium peroxydisulfate,AP)在四甲基乙二胺(N,N,N',N'-tetramethyl ethylenediamine,TEMED)或二甲氨基丙腈(dimethylamino propionitrile,DMAPN)的催化下形成氧自由基,进而使单体形成自由基,引发聚合反应。聚丙烯酰胺凝胶的分离胶(小孔胶),就是通过这种化学聚合而合成的。聚合反应受下列因素的影响。

1)大气中的氧能淬灭自由基,终止聚合反应,所以反应液应当与空气隔绝。

2)一些材料,如有机玻璃能抑制聚合反应,在有机玻璃容器中,反应液和容器表面接触的一层,不能形成凝胶。

3)某些化学物质可以减慢反应速度,如铁氰化钾。

4)温度影响聚合反应:温度高,反应快;温度低,反应慢。

因此在设计实验制备凝胶时,要注意上述因素的影响。

为了使样品快速分离、操作方便、便于记录结果和保存样本,要求凝胶有一定的物理性质、合适的筛孔、一定的机械强度和良好的透明度。这些性质很大程度上是由凝胶浓度和交联度决定的。凝胶浓度和交联度与孔径大小的关系究竟怎样?

100 mL 凝胶溶液中含有的单体和交联剂总克数称为凝胶浓度,用 T 表示。

$$T = [Acr(g) + Bis(g)] / V(mL) \times 100\%$$

凝胶溶液中，交联剂占单体加交联剂总量的百分数为交联度，用 C 表示。

$$C = Bis/(Acr + Bis) \times 100\%$$

凝胶浓度 T 能够在 3%～30% 变化，浓度过高时，凝胶硬而脆，容易破碎；浓度太低，凝胶稀软，不易操作。凝胶浓度主要影响筛孔的大小。实验表明，筛孔的平均直径和凝胶浓度的平方根成反比。

交联度 C 反映凝胶结构中甲撑桥的密度。交联过高，凝胶是不透明的，并且缺乏弹性；交联过低，呈糜糊状。交联度可以决定筛孔的最大直径。

在实验中观察到，要获得透明而又有合适机械强度的凝胶。单体用量高时，交联量应减少；单体用量低时，交联剂量应增大。电泳用凝胶的经验公式如下。

在 100 mL 溶液中：

$$Acr（g）\times Bis（g）\approx 常数（约 1.3）$$

凝胶浓度与被分离物的相对分子质量大小关系见表 4-3。

表 4-3　相对分子质量与凝胶浓度的关系

被分离的物质	相对分子质量	适用的凝胶浓度/%
	$< 10^4$	20～30
	$10^4 \sim 4 \times 10^4$	15～20
蛋白质	$4 \times 10^4 \sim 10^5$	10～15
	$10^5 \sim 5 \times 10^5$	5～10
	$> 5 \times 10^5$	2～5
	$< 10^4$	15～20
核酸	$10^4 \sim 10^5$	5～10
	$10^5 \sim 2 \times 10^6$	2～2.6

最常用的凝胶，$T = 7\% \sim 7.5\%$，$C = 2\% \sim 3\%$；Davis 标准凝胶，$T = 7.2\%$，$C = 2.6\%$。用此浓度的凝胶分离生物体内的蛋白质能得到较好的结果。当分析一个未知样品时，常先用 7.2% 的标准凝胶或用 4%～10% 的凝胶梯度来分析，而后选用适宜的凝胶浓度。

用于研究大分子核酸的凝胶多为大孔径凝胶，太软，不易操作，最好加入 0.5% 琼脂糖。在 3% 凝胶中加入 20% 蔗糖，也可增加机械强度而又不影响孔径大小。

制作良好的聚丙烯酰胺凝胶与其他凝胶相比有如下优点。

1）聚丙烯酰胺凝胶是人工合成的三维网状结构的凝胶，具有分子筛效应，其筛孔的大小可人为控制；并且制备重复性好。

2）聚丙烯酰胺凝胶是碳-碳结构，没有或很少带有极性基团，因而吸附少，电荷作用小，不易与样品相互作用，化学性质比较稳定。

3）凝胶无色透明，适宜用光密度扫描记录结果；且需要样品量较少。

4）用途广泛，具有弹性，便于操作，易于保存。

由于其具有上述特点，特别适合做区带电泳的支持物，用于酶带的分离及分子量的测定。

五、其他电泳技术

1. 连续密度梯度电泳

如果合成的聚丙烯酰胺凝胶从上至下是一个正的线性梯度凝胶，点在凝胶顶部的样品在电场中向着凝胶浓度逐渐增高的方向即孔径逐渐减小的方向迁移。随着电泳的继续进行，蛋白质受到孔径的阻力越来越大。电泳开始时，样品在凝胶中的迁移率主要受两个因素的影响，一是样品本身的电荷密度，二是样品分子的大小。当迁移所受到的阻力大到足以使样品分子完全停止前进时，那些跑得较慢的低电荷密度的样品分子将"赶上"与它大小相同但具有较高电荷密度的分子并停留下来形成区带。因此，在梯度凝胶电泳中，样品的最终迁移位置仅取决于分子自身的大小，而与样品分子的电荷密度无关。样品混合物中分子量大小不同的组分，电泳后将依分子量大小停留在不同的凝胶孔径层次中形成相应的区带。由此看出，在梯度凝胶电泳中，分子筛效应表现得更为突出。由于相对迁移率与分子量的对数在一定范围内呈线性关系，故可以用来测定蛋白质的分子量，但仅适于球状蛋白。

连续密度梯度电泳（continuous density gradient electrophoresis）具有如下优点。

1）具有使样品中各个组分浓缩的作用。稀释的样品可以分次上样，不会影响最终分离效果。

2）可提供更清晰的谱带，适于纯度鉴定。

3）可在一块凝胶上同时测定分子量分布范围相当大的多种蛋白质的分子量。

4）可以测定天然状态蛋白质的分子量，这对研究寡聚蛋白是相当有用的。

2. SDS-聚丙烯酰胺凝胶电泳

在 PAGE 中，蛋白质的迁移率取决于它所带净电荷的多少、分子的大小和形状。如果用还原剂，如巯基乙醇（mercaptoethanol）或者二硫苏糖醇（dithiothreitol，DTT）等和十二烷基硫酸钠（sodium dodecylsulphate，SDS）加热处理蛋白质样品，蛋白质分子中的二硫键将被还原，并且 1 g 蛋白质可定量结合 1.4 g SDS，亚基的构象呈长椭圆棒状。由于与蛋白质结合的 SDS 呈解离状态，使蛋白质亚基带大量负电荷，其数值大大超过蛋白质原有的电荷量，掩盖了不同亚基间原有的电荷差异。各种蛋白质-SDS 复合物具有相同的电荷密度，电泳时仅按亚基大小依赖凝胶的分子筛效应进行分离。有效迁移率与分子量的对数成很好的线性关系。所以，SDS-聚丙烯酰胺凝胶电泳（SDS-polyacrylamide gel electrophoresis，SDS-PAGE）不仅是一种好的蛋白质分离方法，也是一种十分有用的测定蛋白质分子量的方法。应该注意的是，SDS-PAGE 测得的是蛋白质亚基的分子量。对寡聚蛋白而言，为了正确反映其完整的分子结构，还应用连续密度梯度电泳或凝胶过滤等方法测定天然构象状态的质量及分子中肽链（亚基）的数目。

3. 等电聚焦电泳

聚丙烯酰胺凝胶中加入一种合成的两性电解质载体，在电场的作用下会自发形成一个连续的 pH 梯度。蛋白质样品在电泳中被分离，迁移到等电点胶层时就失去所带电荷而稳定停留在该处；样品中不同蛋白质组分的等电点不同，因而在等电聚焦电泳（isoelectric focusing electrophoresis，IEF）中得到了有效的分离。在 IEF 中，是利用各蛋白质组分等电点的差异，而不是利用凝胶的分子筛效应。IEF 的分辨力高，可分离等电点相差 0.01～0.02 pH 单位的蛋白质，可用来准确测定蛋白质的等电点，精确度可达 0.01 pH 单位。

4. 双向凝胶电泳

先将蛋白质样品在固相 pH 梯度（immobilized pH gradients，IPG）胶条上进行等电聚焦，胶条在缓冲液中平衡后，放到另一平板凝胶的顶部（垂直板），再让胶条中已经分离的组分进行 SDS-PAGE。由于蛋白质的等电点和分子量之间没有必然联系，因此，经过双向凝胶电泳（two dimensional gel electrophoresis，2-DGE）可将数千种蛋白质分开，显示出极高的分辨力。

5. 毛细管电泳

毛细管电泳（capillary electrophoresis）是在内径仅 75 μm 的毛细管内进行样品分离的新方法，毛细管内可以是凝胶（如聚丙烯酰胺），也可以是溶液。毛细管两端分别浸入正、负两极电极缓冲液中，样品自正极进入毛细管，在 30 kV 高压电源作用下，发生各组分的分离。当某一组分移动到负极上方时，灵敏的检测器会检测到它的出现，在微机上显示其图谱，并于电泳后打印出结果。

毛细管电泳的分离原理为毛细管的一端为正极（+），另一端为负极（−），样品中的正离子会在电场力的作用下从正极向负极运动。毛细管管壁的材质是玻璃的，硅酸是其主要成分，它可以发生如下的解离：

$$H_2SiO_3 \rightarrow HSiO_3^- + H^+$$

$HSiO_3^-$ 的存在使管壁带有一定的负电荷。由于静电感应，管中缓冲液中的正离子和偶极分子水的正极趋向管壁，从而形成一个双电层。双电层中的正离子及定向排列的水分子在电场力和毛细张力的共同作用下，向负极定向移动，形成电渗流，其方向与电场力方向一致。样品中的不同组分受到的作用力是有差别的，正离子受到相同方向的电场力和电渗流的推动，迁移率最快；负离子受到两种力的作用但方向相反，电渗流的作用大于电场力，所以负离子也是向负极运动但迁移率最慢。不带电荷的组分虽然不受电场力作用，但强大的电渗流推动它从正极向负极运动。所以，在毛细管中的样品的各种组分，不管是否带有电荷，也不管带何种电荷，都会从正极向负极运动，迁移率按大到小的排序是：正离子＞中性分子＞负离子。经过一定时间的电泳，各种组分会实现有效的分离。如果把单位电场强度下离子在一定的温度下在介质中迁移率称作淌度（mobility），那么毛细管电泳实质上是以高压电场为驱动力，以毛细管为分离通道，依据样品中各组分之间淌度和分配行为上的差异而实现分离的一类液相分离技术，兼有电泳和HPLC 两类分离技术的原理。与一般电泳的区别是毛细管电泳可以分离各种组分（带电与不带电）；同时，在普通电泳中起破坏作用的电渗流在毛细管电泳中却变成了有效的驱动力之一。毛细管电泳与 HPLC 的区别在于用高压电源取代了高压泵，改善了流动相在毛细管中的流型，用塞式流型取代了分析柱中的抛物线流型，使得各组分的峰宽变窄（近似谱线），提高了分辨率。

毛细管电泳具有高灵敏度、高分辨率、高速率的特点，节省样品和减少试剂消耗，是一种极有前景的分离、分析方法。

第五章　显微摄影技术

显微摄影技术（photomicrography）是一种利用显微照相或者摄影装置，把显微镜视野中所观察到物件的细微结构真实地记录下来，同时也是将在显微镜下观察到的图像转变为照片或者数码图像文件的过程，以供进一步分析研究用的一种技术。它在科学研究中尤其是生物学、医学研究领域中已成为一项常规又必不可少的研究技术。

现代显微摄影技术是随着显微镜和照相器材的进步而发展起来的，早在20世纪30年代，德国ZEISS公司就发展出早期的显微摄影系统，当时仅是在显微镜上加装普通的照相机，尚没有现在通用的自动测光系统和快门控制器等。20世纪70年代，出现了带有自动测光系统和快门控制的专用显微摄影系统，但此时对焦不准是这类系统的主要问题，对于缺乏经验的初学者，是难以拍出高质量的显微照片。到了80、90年代，随着"傻瓜"照相机的问世，NIKON等公司推出了自动对焦的显微摄影系统，初学者也能拍到质量上乘的照片。随后出现了高级全能研究显微镜，配置有全消色差物镜、大视野目镜、变焦镜头、电荷耦合器件（charge-coupled device，CCD）摄像头及电脑等。至今，显微摄影技术已发展到能多种模块捕捉各种高质量图像，如在快速模块下以480×480像素，每秒27帧的速率进行图像处理；在快速超分辨率模式下，可以获得更多的结构信息等。

一、显微摄影技术的基本原理

现代显微摄影是使目镜中的影像投射出来，射在CCD图像传感器上，使光学影像转化为电信号，经外部采样放大及模数转换电路转换成数字图像信号，从而记录下视野中图像的方法。

二、显微摄影的基本装置

最简单的现代显微摄影装置包括光学显微镜、取景器、CCD图像传感器、图像处理软件和电脑。

1. 光学显微镜

一般用于显微摄影的显微镜其配置决定了摄影照片的基本质量，至少配备如下装置。

1）高分辨力的复消色差物镜及专用的摄影目镜。

2）聚光器数值孔径在 0.9 以上，其值可调。

3）具有可变的视场光阑和孔径光阑。

4）具有内置电光源照明系统，可随意调节亮度，光源以卤钨灯为好。

5）具专用配套安装摄像装置的摄像镜筒（三筒）。

2. 取景器

一般在接筒上有一个带长方形取景框和聚焦目镜的装置，合称取景器，用来取景、调焦、调整图像的宽度。

3. CCD 图像传感器

最好具有体积小、重量轻、分辨率高、灵敏度高、动态范围宽、光敏元的几何精度高、光谱响应范围宽、工作电压低、功耗小、寿命长、抗震性和抗冲击性好、不受电磁场干扰和可靠性高等一系列优点。目前，主流应用的 CCD 图像传感器为 500 万像素，像素越大，分辨率越高，形成的静态图像越清晰。

4. 图像处理软件和电脑

图像处理软件是用于处理图像信息的各种应用软件的总称，不同的显微镜生产厂家都有自己开发的图像处理软件，种类繁多，最基本的功能有图片色调、灰度、对比度等图像处理及图片合成，图像测量，计数等；配套电脑也需要相应的图像软件接口、显卡、显示器等配置。

三、显微摄影的操作步骤

1. 显微摄影的前期准备

1）相机和显微镜连接。

2）将随机附带的光盘插入光驱，完成相机驱动和软件的安装。

3）检查显微镜的光学系统，是否干净无污染，光线应明亮均匀，样品是否干净。

4）目镜下调焦，观察样品。

2. 显微拍摄操作主要步骤

1）启动相机和相关相机软件。

2）调焦。使用高速预览模式调焦。一般情况，专业相机均具有高速预览功能，方法是在调焦的时候将相机的分辨率调至较小值，以增大预览速度。而在拍照的时候，则应选择在高分辨率模式下。

3）白平衡（colour balance）。左右移动载玻片，至样品完全移出聚光镜范围以外，调光线至最亮，选择一处白色为对照，点击自动白平衡。

4）调节 CCD 参数。CCD 参数的调节可以极大的影响图片的质量，这些参数主要包括曝光时间调节、增益调节、γ 值、饱和度、亮度的调节；为了拍摄更为真实的显微摄影图片，应采用适当的曝光时间，同时尽量减小增益，以降低背景噪声，应保证 γ 值，饱和度和亮度的值为 0。

5）进行拍摄。点击拍摄按钮，系统将弹出保存界面，将文件命名之后即可保存，也可设置自动保存。

6）录像。点击录像按钮，即可进行录像。

7）剪切拍摄功能。可以选择对视野范围的局部进行拍摄。

四、注 意 事 项

想要拍摄一张好的显微摄影图片，最主要的还是取决于显微镜及摄影设备的成像质量，在硬件设备一定的条件下，要拍摄一张满意的显微摄影图像，还要注意以下几点。

1）制作清晰的标本片，其中组织切片应厚薄适度，染色片不应有多余的染料等。

2）选择性能优良、干净的载玻片和盖玻片。

3）用高性能的物镜（最好用复消色差的平场物镜）和聚光器。

4）拍摄时应准确地调焦。

5）正确做好白平衡。

6）选择合理的曝光时间。

7）适当控制背景噪声。

8）合理选择设备参数。

第六章　染色体制备技术

一、染色体制备技术的基本原理

染色体（chromosome）作为遗传物质的载体，是细胞的重要组成部分。通过直接观察染色体数目的多少、大小及形态变化，可以直观地反映物种间的区别，观察生物体重大生物事件的发生及遗传物质的动态变化等。许多生物实验都需要制备染色体进行观察和研究。植物细胞和人类细胞染色体的获得和制备是生物实验中的基本技能之一。

植物染色体标本制备常用分生组织，如根尖、茎尖和嫩叶做材料。在这些组织中，细胞处于旺盛的分裂期，间期细胞进入分裂期以后，染色质从松散的、未凝缩的长丝状（普通光学显微镜下难以观察区分）逐渐凝集成浓缩的短棒状结构，这个变化在分裂期的中期达到顶峰，所以选择中期染色体作为观察对象。人类和动物的染色体制备一般选择处于分裂期的细胞来进行，或者是通过在细胞中添加植物凝集素刺激已分化细胞重新进入分裂期从而获得染色体。

秋水仙素（colchicine）可以阻断细胞在分裂中期形成纺锤体（spindle），以至在细胞分裂中后期时，纺锤丝（spindle fiber）不能将染色体分开拉向细胞两极，因此可以使细胞分裂停止在分裂中期，这样就可以更多地获得处于分裂中期的细胞，提高制片效果。

植物细胞之间的连接比较紧密，想要获得单层的、染色体充分展开的分裂相，细胞必须被解离。细胞解离有两种方法：酸解和酶解。酸解是用强酸（HCl）溶液处理分生组织几分钟，破坏细胞与细胞之间的连接，使细胞易于分离，便于染色体的展开。植物细胞的细胞壁主要由纤维素和果胶组成。酶解是用一定比例配制的纤维素酶和果胶酶对植物分生组织进行消化，使组织软化，细胞壁降解，从而使染色体易展开，获得形态完整的染色体分裂相。

动物细胞一般采用低渗的方法来破坏细胞膜。细胞液具有一定的渗透压来维持细胞的形态，可以用低渗溶液对细胞进行处理，使细胞膜破裂，这样染色体形态较好，便于观察。

经过解离或低渗处理的细胞在外力的作用下，染色体从细胞中游离出来，附着在干净的载玻片上，通过能特异性与核酸结合的染色液染色（如苯酚品红染液、吉姆萨染液等），在显微镜下就可以清晰地观察到染色体。下面主要介绍植物细胞和人类细胞染色体的制备。

二、植物细胞染色体制备

1. 压片法

压片法是观察植物染色体常用的方法。一般应用于植物细胞染色体的染色和观察。选择生长和分裂比较旺盛的植物根尖或者其他分生组织的细胞为材料，经预处理、固定、解离、染色、压片等处理，在普通光学显微镜下就可以观察到较多的处于有丝分裂各个时期的细胞和染色体的形态特征。

2. 火焰干燥法

原位杂交实验中所需的染色体制片一般可以选择火焰干燥法来获得。选择生长和分裂比较旺盛的植物根尖或者其他分生组织的细胞为材料，经不同的预处理（如 α-溴萘、8-羟基喹啉、冰水混合物等）后、固定、酶解、敲片、灼烧等程序，能获得背景干净、杂质少、分裂相多的染色体标本，可以用来进行比较精细的染色及原位杂交实验。

三、人类细胞染色体制备

1. 人类外周血细胞培养制备染色体

外周血细胞中只有白细胞有核，而白细胞又只有淋巴细胞具有潜在的细胞分裂能力。在 1640 细胞培养液中加入有丝分裂刺激剂——植物凝集素（phytohemag-glutinin，PHA），可使处于 G_0 期、具有潜在分裂能力的淋巴细胞转化为具有分裂能力的淋巴母细胞，进入有丝分裂周期；加入秋水仙素（终浓度 0.05 μg/mL）可使分裂细胞停滞在分裂中期，再用低渗剂 0.075 mol/L KCl 对细胞进行低渗处理，可使细胞膜胀破，染色体均匀分散；经离心、固定、制片等处理，最终可获得便于观察分析的染色体标本。该标本干燥后可直接染色，在显微镜下观察。

2. 骨髓细胞培养制备染色体

骨髓细胞染色体标本制备通常用于白血病患者，特别是急慢性粒细胞的白血病的检查，也适用于淋巴细胞性白血病。骨髓细胞处于生长分裂期，可以直接取样制备染色体标本，也可以为了增加细胞的分裂相数量，将所取样本在加入秋水仙素的培养液中做短暂的培养，再收集细胞制备染色体。

　　用灭菌的注射器从人类或动物体内抽取骨髓液 0.2～0.4 mL，直接注入 37℃预热好的 RPMI-1640 培养液中摇匀，37℃培养 24～48 h 后，加入 0.05 μg/mL 秋水仙素 0.1 mL，继续培养 1～2 h 后，收集细胞。经过 0.075 mol/L KCl 低渗、固定、制片等步骤获得染色体装片。

第七章　荧光染色技术

随着生命科学研究的快速发展，荧光染色技术已经成为生命科学研究的重要手段之一。荧光染色技术在细胞免疫学、微生物学、分子生物学、分子遗传学、神经分子生物学、病理学、肿瘤学、临床检验学、植物学等方面的应用越来越广泛，制备各种荧光生物样品的方法越来越多，用于荧光检测的仪器种类不断增加，而且也越来越先进。

一、荧光染色技术的基本原理

荧光（fluorescence），又作"萤光"，是指一种光致发光的冷发光现象。当某种常温物质经某种波长的入射光照射、吸收光能后分子中的电子达到高的能阶，进入激发状态，并且立即退激发，恢复到原有的状态，同时多余的能量就以光的形式辐射出来，即发出比入射光的波长更长的发射光（通常在可见光波段）。一旦停止入射光，发光现象也随之消失。这就是说，当一种物质吸收了短波长光的能量，它能发射出比原来吸收的波长更长的光。具有这种性质的物质或者分子称为荧光素（fluorescein）或者荧光染料（fluorescent dye）。

1. 实验室常用荧光染料

可选用的荧光染料多种多样，由于它们的分子结构不同，其荧光激发波长（excitation wavelength，EX）和发射波长（emission wavelength，EM）也各异；它们大多是含有苯环或杂环并带有共轭双键的化合物。选择染料或单抗所标记的荧光素必须考虑仪器所配置的光源的波长，即染料的激发光谱；仪器光源激发光的波长尽可能接近荧光染料的激发光谱峰值；此外，还要考虑荧光染料的发光颜色，即染料的发射光谱，需选择合适波段的检测器检测相应的荧光信号（表 7-1）。

表 7-1　实验室常用荧光染料激发波长和发射波长

荧光物质	激发波长（Sub）/nm	发射波长/nm
Alexa Fluor 532	532	554
Cy3	550	570
DsRed	557	579
EtBr	300（518）	605

续表

荧光物质	激发波长（Sub）/nm	发射波长/nm
FITC	490	525
Gel Green	250（500）	530
GFP	488	507
mCherry	580	610
SYBR Gold	495	540
SYBR Green I	498	522
SYPRO Red	550（300）	630
SYPRO Ruby	280（450）	620
TagRFP	555	583
Gel Red	270（510）	600

2. 荧光染料的荧光强度

每一种荧光染料的光量子释放能力不同，相对荧光强度不一样，一般用染色指数（staining index）来比较不同荧光标记的光信号强度。染色指数是阳性信号和阴性信号差异与阴性峰分布宽度比值，是判断荧光染料辨别弱阳性表达的能力。一般来讲，荧光信号由强到弱的排序是：藻红蛋白（phycoerythrin，PE）＞别藻蓝蛋白（allophycocyanin，APC）＞藻红蛋白-花青素 5 共轭物（phycoerhthrin-cyanidin 5 conjugate，PE-Cy5）＞叶绿素-花青素 5.5 共轭物（peridinin chlorophyll cyanidin 5.5 conjugate，PERCP-CY5.5）＞异硫氰酸荧光素（fluorescein isothiocyanate，FITC）＞叶绿素蛋白（peridinin chorophyll protein，PerCP）。

3. 免疫荧光技术

免疫荧光技术（immunofluorescence technique，IF）是在免疫学、生物化学和显微镜技术的基础上建立起来的一项技术。它是根据抗原-抗体反应的原理，先将已知的抗原或抗体标记上荧光基团，再用这种荧光抗体（或抗原）作为探针检查细胞或组织内的相应抗原（或抗体）。利用荧光显微镜可以看见荧光所在的细胞或组织，从而确定抗原或抗体的性质和定位，以及利用定量技术（如流式细胞仪）测定含量。免疫荧光或细胞成像技术使用抗体将荧光染料（也称为荧光素）标记到特异性目标抗原上，所用荧光染料有 FITC 等；而通过化学方法耦联荧光素的抗体被广泛应用于 IF 实验中。

荧光染料的使用使得用户能通过荧光显微镜（如表面荧光显微镜和共聚焦显微镜）观察样品中的靶标分布情况。根据荧光染料与一抗还是二抗耦联，可将 IF 方法分为两类（图 7-1）。

1）直接 IF：使用单个抗体，该抗体直接指向目的靶标，一抗与荧光素直接耦联。

2）间接 IF：使用两个抗体，一抗未耦联，荧光素耦联的二抗指向一抗，并用于检测。

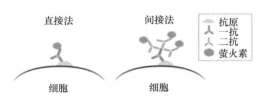

图 7-1　直接与间接免疫荧光示意图

二、荧光染色技术的应用

1. 检测细胞凋亡与坏死

细胞凋亡（apoptosis）指为维持内环境稳定，由基因控制的细胞自主的有序死亡。细胞凋亡与细胞坏死不同，细胞凋亡不是被动的过程，而是一个主动的过程，它涉及一系列基因的激活、表达及调控等作用。它并不是病理条件下自体损伤的一种现象，而是为更好地适应生存环境而主动争取的一种死亡过程。细胞坏死（necrosis）是以酶溶性变化为特点的活体内局部组织细胞的死亡。坏死可因致病因素较强而直接引起，但大多数由可逆性损伤发展而来，其基本表现是细胞肿胀、细胞器崩解和蛋白质变性。炎症时，坏死细胞及周围渗出的中性粒细胞释放溶酶体酶，可促进坏死的进一步发生和局部实质细胞溶解，因此坏死常同时累及多个细胞。

荧光染料常用于荧光免疫、荧光探针、细胞染色等实验，包括在特异性 DNA 染色实验中，可用于染色体分析、细胞周期和细胞凋亡等相关研究。在核酸检测中，荧光染料对细胞核染色后定量测量细胞所发出的荧光强度，就可以确定细胞核中 DNA、RNA 的含量，并可以对细胞周期和细胞的增殖状况进行分析。有多种荧光染料可以对细胞中的 DNA 或 RNA 染色，常用 DNA 染料有碘化丙啶（propidium iodide，PI）、4′,6-二脒基-2-苯基吲哚（DAPI）、Hoechst 33342 等，常用 RNA 染料有噻唑橙、吖啶橙等（表 7-2）。

表 7-2　荧光染色技术在细胞凋亡与坏死检测中的应用

荧光染色技术	染色的细胞类型	染色部位	激发光	颜色	意义
Hoechst 染色	活细胞（主要是早期凋亡细胞）	细胞核	紫外光激发	核染蓝色	检测早期凋亡
碘化丙啶染色	坏死细胞或晚期凋亡细胞	细胞核	绿光激发	核染红色	检测死细胞和晚期凋亡细胞

续表

荧光染色技术	染色的细胞类型	染色部位	激发光	颜色	意义
Annexin-V 染色	早期凋亡细胞	细胞膜	不定	不定	早期凋亡灵敏指标
JC-L 染色	早期凋亡细胞	线粒体膜	绿光为主	功能好的细胞绿色为主，反之红色为主	早期凋亡
台盼蓝染色	死细胞	降解 DNA	不定	蓝色	细胞存活率
钙黄绿素-AM 染色	活细胞	细胞质	绿荧光	黄绿色	活细胞数

（1）Hoechst 染色

Hoechst 可以穿过活细胞膜与细胞核结合，在紫外光下将核染为蓝色。Hoechst 染细胞核会影响共聚焦显微镜对该样本其他荧光的观察效果。Hoechst 有 Hoechst 33342 和 Hoechst 33258 两种，二者区别不大，但是 Hoechst 33342 对细胞的毒性作用更小一些，所以一般来说 Hoechst 33258 用于细胞固定后再染色，而 Hoechst 33342 则可以对活细胞直接进行染色。

（2）碘化丙啶染色

碘化丙啶染色是一种可对 DNA 染色的细胞核染色试剂，常用于细胞凋亡检测。PI 是一种核酸染料（红色），它不能透过完整的细胞膜，但凋亡中晚期的细胞和坏死细胞由于细胞膜通透性的增加，PI 能够透过细胞膜而使细胞核染红。用 PI 单一染色观测培养细胞，只能表示细胞的坏死情况，而不是凋亡；尽管晚期凋亡细胞 PI 亦可着色。但是如果只是想知道细胞的死亡情况，而不是仔细区分坏死或者凋亡，那么 PI 单一染色也可以。

（3）Annexin-V 染色

细胞凋亡早期，细胞膜标记发生改变；其中，磷脂酰丝氨酸外翻，在 Ca^{2+} 存在的条件下 Annexin-V 与其高亲和力特异性结合。如果 Annexin-V 染色阳性，则表示细胞处于早期凋亡状态。Annexin-V 结合不同的荧光抗体，就可以利用流式细胞仪、荧光显微镜及共聚焦激光扫描显微镜检测细胞凋亡的发生。Annexin-V 用 FITC 标记发绿色荧光；如果用 PE 标记就发红色荧光。

（4）JC-L 染色

JC-L 是一种阳离子染料，可以在线粒体内聚集，低浓度时主要以单体存在，发射光以绿光（～525 nm）为主；而在高浓度时则可以形成多聚体，发射光以红光（～590 nm）为主。线粒体本身存在一定的极性，其外膜为负极，内膜为正极。电位差由 Ca^{2+}、Na^+ 和 H^+ 流调控。当线粒体状态良好时对 JC-L 摄取量少，因而在线粒体内主要以单体的形式存在，绿光强度/红光强度的比值较高；在线粒体发生去极化时，线粒体内 JC-L 的浓度较高，大多以多聚体的形式存在，绿光强度/红光强度的比值降低。JC-L 染色的绿光强度/红光强度仅取决于线粒体的膜电势，而与线粒体的形态、体积和密度都无关，因而能更好地反映线粒体的功能状态。由于凋亡发生的早期存在线粒体的去极性，因此，JC-L 染色也被用于检测细胞凋亡的早期发生。

（5）钙黄绿素-AM

钙黄绿素-AM（Calcein-AM）本身并不是荧光分子，但通过活细胞内的酯酶作用，Calcein-AM 能脱去 AM 基，产生的 Calcein 能发出强绿色荧光（激发光490 nm，发射光 515 nm），因此，Calcein-AM 仅对活细胞染色。

2. 荧光染色与流式细胞术检测

流式细胞术（flow cytometry，FCM）是对悬液中的单细胞或其他生物粒子，通过检测标记的荧光信号，实现高速、逐一的细胞定量分析和分选的技术；其特点是通过快速测定荧光、光散射和光吸收来定量测定细胞 DNA 含量、细胞体积、蛋白质含量、酶活力、细胞膜受体和表面抗原等许多重要参数。根据这些参数将不同性质的细胞分开，以获得供生物学和医学研究用的纯细胞群体。

流式细胞仪测定常用的荧光染料有很多种。由于现在的流式细胞仪都装有多个荧光信号检测器，仪器在同时检测多种荧光时，每个荧光检测器只允许一种指定波长的荧光信号进入并被检测，因此使用者必须选用适当的荧光信号接收器，才能收到最佳的信号。还要注意使用由同一波长激光的荧光染料，其发射波长不同，才可以用相应波段的检测器接收，达到同时检测的目的。

选择检测器的依据就是要了解荧光染料的发射谱。以三色流式细胞仪为例，如果荧光光谱峰值落在绿色范围（515～545 nm），选用第一荧光检测器；如果荧光光谱峰值落在橙红色范围（564～606 nm），选用第二荧光检测器；如果荧光光谱峰值落在深红色范围（650 nm），选用第三荧光检测器。目前，台式 FCM 常配置的激光器为波长 488 nm，通常可用的染料有 PI、PE、FITC、PERCP、CY5 等（表 7-3）。

表 7-3 流式细胞仪常用荧光染料

荧光染料	激发光波长/nm	发射光峰值/nm
异硫氰酸荧光素	488	525（绿）
藻红蛋白	488	575（橙红）
碘化丙啶	488	630（橙红）
藻红蛋白-得克萨斯红	488	610（红）
花青素	488	675（深红）
叶绿素蛋白	488	675（深红）

3. 荧光原位杂交技术

荧光原位杂交（fluorescence *in situ* hybridization，FISH）是一门新兴的分子细胞遗传学技术，是 20 世纪 80 年代末期在原有的放射性原位杂交技术的基础上发展起来的一种非放射性原位杂交技术。目前，这项技术已经广泛应用于动植物基因组结构研究、染色体精细结构变异分析、病毒感染分析、人类产前诊断、肿瘤遗传学和基因组进化研究等许多领域。

FISH 的基本原理是用已知的标记单链核酸为探针，按照碱基互补的原则，与待检材料中未知的单链核酸进行特异性结合，形成可被检测的杂交双链核酸。由于 DNA 分子在染色体上是沿着染色体纵轴呈线性排列，因而探针可以直接与染色体进行杂交从而将特定的基因在染色体上定位。与传统的放射性标记原位杂交相比，荧光原位杂交具有快速、检测信号强、杂交特异性高和可以多重染色等特点，因此，在分子细胞遗传学领域受到普遍关注。

杂交所用的探针大致可以分为三类。

1）染色体特异重复序列探针。例如，α 卫星、卫星 III 类的探针，其杂交靶位常大于 1 Mb，不含散在重复序列，与靶位结合紧密，杂交信号强，易于检测。

2）全染色体或染色体区域特异性探针。该探针由一条染色体或染色体上某一区段上极端不同的核苷酸片段所组成，可由克隆到噬菌体和质粒中的染色体特异大片段获得。

3）特异性位置探针。该探针由一个或几个克隆序列组成。

探针的荧光素标记可以采用直接和间接标记的方法。直接标记法是将荧光素直接与探针的核苷酸或磷酸戊糖骨架共价结合，或在缺口平移法标记探针时将荧光素核苷三磷酸掺入。间接标记是采用生物素标记 DNA 探针，杂交之后用荧光素耦联的亲和素（avidin）或者链霉亲和素（streptavidin）进行检测，同时还可以利用亲和素-生物素-荧光素复合物，将荧光信号进行放大，从而可以检测 500 bp 的片段。直接标记法在检测时步骤简单，但由于不能进行信号放大，因此灵敏度不如间接标记法。

三、注 意 事 项

1）由于荧光容易淬灭，一般仅能维持几个小时，因此，荧光二抗应避光保存，即从加入荧光二抗以后的步骤中都要尽量避光操作。封片后应尽早照相，目前有市售的荧光增强剂，可使荧光在 4℃保存 1～2 周仍不淬灭。

2）常用的荧光素有以下几种。绿色荧光：FITC、Alexa Fluor 488 和 GFP；红色荧光：TRITC、Cy3、Alexa Fluor 568 & 594 和 MitoTrackerRed；蓝色荧光：Hoechst、

DAPI；黄色荧光：YFP、Fluo-3 和 Rhoda-minel23 等。

3）不同的荧光素激发的波长不同，因此，选用滤光片时要注意。一般紫外线的激发波长为 334～365 nm，蓝光的激发波长为 435～490 nm，绿光的激发波长为 546 nm 左右。

4）荧光显微镜应提前至少 15 min 打开汞灯预热。汞灯关闭 30 min 后方可再开启。

5）荧光染色的组织要求很高，载玻片及盖玻片要干净无杂质。进行荧光染色时，需注意染液的 pH、浓度和染色温度，还要避免对荧光有熄灭作用的物质的接触。组织和细胞也有自发荧光，如红细胞中的血红蛋白呈红色荧光，维生素 A 呈绿色自发性荧光等。

第八章　PCR 技术

一、PCR 技术的基本原理

PCR 是聚合酶链式反应（polymerase chain reaction）的简称，是指在引物指导下由酶催化的对特定模板（克隆或基因组 DNA）的扩增反应，是模拟体内 DNA 复制过程，在体外特异性扩增 DNA 片段的一种技术。该技术已在生物工程中广泛应用，包括用于 DNA 作图、DNA 测序、分子系统遗传学等。

PCR 的基本原理是以单链 DNA 为模板，4 种 dNTP 为底物，在模板 3′末端有引物存在的情况下，用酶进行互补链的延伸，多次反复的循环能使微量的模板 DNA 得到极大程度的扩增。在微量离心管中，加入与待扩增的 DNA 片段两端已知序列分别互补的两个引物、适量的缓冲液、微量的 DNA 模板、4 种 dNTP 溶液、耐热 Taq DNA 聚合酶、Mg^{2+}等。反应时先将上述溶液加热，使模板 DNA 在高温下变性，双链解开为单链状态；然后降低溶液温度，使合成引物在低温下与其靶序列配对，形成部分双链，称为退火；再将温度升至合适温度，在 Taq DNA 聚合酶的催化下，以 dNTP 为原料，引物沿 5′→3′方向延伸，形成新的 DNA 片段，该片段又可作为下一轮反应的模板，如此重复改变温度，由高温变性、低温复性和适温延伸组成一个周期，反复循环，使目的基因得以迅速扩增。因此，PCR 循环过程由三部分组成：模板变性、引物退火、热稳定 DNA 聚合酶在适当温度下催化 DNA 链延伸合成。

1. 模板 DNA 的变性

模板 DNA 加热到 90~95℃时，双螺旋结构的氢键断裂，双链解开成为单链，称为 DNA 的变性，以便它与引物结合，为下轮反应作准备。变性温度与 DNA 中 G-C 含量有关，G-C 间由三个氢键连接，而 A-T 间只有两个氢键相连，所以 G-C 含量较高的模板，其解链温度相对要高些。故 PCR 中 DNA 变性需要的温度和时间与模板 DNA 二级结构的复杂性、G-C 含量高低等均有关。对于高 G-C 含量的模板 DNA，在实验中需添加一定量的二甲基亚砜（dimethyl sulfoxide，DMSO），并且在 PCR 循环中起始阶段热变性温度可以采用 97℃，时间适当延长，即所谓的热启动。

2. 模板 DNA 与引物的退火

将反应混合物温度降低至 37～65℃时，寡核苷酸引物与单链模板杂交，形成 DNA 模板-引物复合物。退火所需要的温度和时间取决于引物与靶序列的同源性程度及寡核苷酸的碱基组成。一般要求引物的浓度应大大高于模板 DNA 的浓度，并由于引物的长度显著短于模板的长度；因此在退火时，引物与模板中的互补序列的配对速度比模板之间重新配对成双链的速度要快得多，退火时间一般为 1～2 min。

3. 引物的延伸

DNA 模板-引物复合物在 Taq DNA 聚合酶的作用下，以 dNTP 为反应底物，靶序列为模板，按碱基配对与半保留复制原理，合成一条与模板 DNA 链互补的新链。重复循环变性-退火-延伸过程，就可获得更多的"半保留复制链"，而且这种新链又可成为下次循环的模板。延伸所需要的时间取决于模板 DNA 的长度。在 72℃条件下，Taq DNA 聚合酶催化的合成速度为 40～60 个碱基/秒。经过一轮"变性-退火-延伸"循环，模板拷贝数增加了一倍。在以后的循环中，新合成的 DNA 都可以起模板作用，因此每一轮循环以后，DNA 拷贝数就增加一倍。每完成一个循环需 2～4 min，一次 PCR 经过 30～40 次循环，2～3 h。扩增初期，扩增的量呈直线上升，但是当引物、模板、聚合酶达到一定比例时，酶的催化反应趋于饱和，便出现所谓的"平台效应"，即靶 DNA 产物的浓度不再增加。

PCR 的 3 个反应步骤反复进行，使 DNA 扩增量呈指数上升。反应最终的 DNA 扩增量可用 $Y = (1 + X)^n$ 计算（其中，Y 为 DNA 片段扩增后的拷贝数；X 为平均每次的扩增效率；n 为循环次数）。平均扩增效率的理论值为 100%，但在实际反应中平均效率达不到理论值。反应初期，靶序列 DNA 片段的增加呈指数形式，随着 PCR 产物的逐渐积累，被扩增的 DNA 片段不再呈指数增加，而进入线性增长期或静止期，即出现"停滞效应"，这种效应称为平台期。大多数情况下，平台期的到来是不可避免的。

PCR 扩增产物可分为长产物片段和短产物片段两种。短产物片段的长度严格地限定在两个引物链 5′端之间，是需要扩增的特定片段。短产物片段和长产物片段是由于引物所结合的模板不一样而形成的，以一个原始模板为例，在第一个反应周期中，以两条互补的 DNA 为模板，引物是从 3′端开始延伸，其 5′端是固定的，3′端则没有固定的止点，长短不一，这就是长产物片段。进入第二周期后，引物除与原始模板结合外，还要同新合成的链（即长产物片段）结合。引物在与新链结合时，由于新链模板的 5′端序列是固定的，这就等于这次延伸的片段 3′端被固定了止点，保证了新片段的起点和止点都限定于引物扩增序列以内，形成长短一致的短产物片段。不难看出短产物片段是按指数倍数增加，而长产物片段则以算术倍数增加，几乎可以忽略不计，这使得 PCR 的反应产物不需要再纯化，就能保证足够纯的 DNA 片段供分析与检测用。

二、PCR 结果异常分析

PCR 产物的电泳检测时间一般为 48 h 以内，最好于当日电泳检测，大于 48 h 后带型不规则甚至消失。

1. 假阴性（不出现扩增条带）

PCR 反应的关键环节有：①模板 DNA 的制备；②引物的质量与特异性；③酶的质量与活力；④PCR 循环条件。寻找原因亦应针对上述环节进行分析。

（1）模板

1）模板中含有杂蛋白质。

2）模板中含有 Taq 酶抑制剂。

3）模板中蛋白质没有消化除净，特别是染色体中的组蛋白。

4）在提取制备 DNA 模板时丢失过多，或吸入酚。

5）模板 DNA 变性不彻底。在酶和引物质量好时，不出现扩增带，极有可能是标本的消化处理，模板 DNA 提取过程出了问题，因而要配制有效而稳定的消化处理液，其程序也应固定不宜随意更改。

（2）酶失活

需更换新酶，或新旧两种酶同时使用，以分析是否因酶的活力丧失或量不够而导致假阴性。需注意的是有时忘了加 Taq 酶或 EB。

（3）引物

引物的质量和浓度，两条引物的浓度是否对称，是 PCR 失败或扩增条带不理想、容易弥散的常见原因。有些批号的引物合成质量有问题，两条引物一条浓度高，一条浓度低，造成低效率的不对称扩增，解决办法如下。

1）选定一个好的引物合成单位。

2）引物的浓度不仅要看 OD 值，更要注重引物原液做琼脂糖凝胶电泳，一定要有引物条带出现，并且两引物带的亮度应大体一致，如一条引物有条带，一条引物无条带，此时做 PCR 有可能失败，应与引物合成单位协商解决。如一条引物亮度高，一条亮度低，在稀释引物时要平衡其浓度。

3）引物应高浓度、小量分装保存，防止多次冻融或长期放冰箱冷藏，导致引物变质、降解失效。

4）引物设计不合理，如引物长度不够，或者引物之间形成二聚体等。

（4）Mg^{2+}浓度

Mg^{2+}浓度对 PCR 扩增效率影响很大，浓度过高可降低 PCR 扩增的特异性，浓度过低则影响 PCR 扩增产量，甚至使 PCR 扩增失败而不出扩增条带。

（5）反应体积的改变

通常进行 PCR 扩增采用的体积为 20 μL、30 μL、50 μL 或者 100 μL，用多大体积进行 PCR 扩增，是根据科研和临床检测不同目的而设定。一般在做小体积（如 20 μL）后，再做大体积时，一定要摸索条件，否则容易失败。

（6）物理原因

变性对 PCR 扩增来说相当重要，如变性温度低，变性时间短，极有可能出现假阴性；退火温度过低，可产生非特异性扩增，而降低特异性扩增效率；退火温度过高影响引物与模板的结合而降低 PCR 扩增效率。有时还有必要用标准的温度计，检测一下扩增仪或者水浴锅内的变性、退火和延伸温度，这也是影响 PCR 的原因之一。

（7）靶序列变异

如靶序列发生突变或缺失，影响引物与模板的特异性结合，或因靶序列某段缺失使引物与模板失去互补序列，其 PCR 扩增也是不成功的。

2. 假阳性（出现扩增条带）

出现的 PCR 扩增条带与目的靶序列条带一致，有时其条带更整齐，亮度更高。可能的原因如下。

（1）引物设计不合适

选择的扩增序列与非目的扩增序列有同源性，因而在进行 PCR 扩增时，扩增出的 PCR 产物为非目的性的序列。靶序列太短或引物太短，容易出现假阳性，需重新设计引物。

（2）靶序列或扩增产物交叉污染

交叉污染有两种原因。一是整个基因组或大片段的交叉污染，导致假阳性。这种假阳性可用以下方法解决：①操作时应小心轻柔，防止将靶序列吸入加样枪内或溅出离心管外；②除酶及不能耐高温的物质外，所有试剂或器材均应高压消毒，所用离心管及进样枪头等均应一次性使用；③必要时，在加样本前，反应管和试剂用紫外线照射，以破坏存在的核酸。二是空气中的小片段核酸污染，这些小片段核酸比靶序列短，但有一定的同源性。可互相拼接，与引物互补后，可扩增出 PCR 产物，而导致假阳性的产生，可用巢式 PCR 方法来减轻或消除。

3. 出现非特异性扩增带

PCR 扩增后出现的条带与预计的大小不一致，或大或小，或者同时出现特异性扩增带与非特异性扩增带。非特异性条带出现的原因：①引物与靶序列不完全互补，或引物聚合形成二聚体；②Mg^{2+}浓度过高，退火温度过低，以及 PCR 循环次数过多有关；③酶的质量和数量，往往一些来源的酶易出现非特异性条带，而另一来源的酶则不出现，酶量过多有时也会出现非特异性扩增。解决办法是：①必要时重新设计引物；②减低酶量或者调换另一来源的酶；③降低引物量，适当增加模板量，减少循环次数；④适当提高退火温度或采用二温度点法（93℃变性，65℃左右退火与延伸）。

4. 出现片状拖带或涂抹带

PCR 扩增有时出现涂抹带或片状带或地毯样带，其原因往往是由于酶量过多或酶的质量差，dNTP 浓度过高，Mg^{2+}浓度过高，退火温度过低，循环次数过多引起。解决办法是：①减少酶量，或调换另一来源的酶；②减少 dNTP 的浓度；③适当降低 Mg^{2+}浓度；④增加模板量，减少循环次数。

三、PCR 的类型

1. 反向 PCR

反向 PCR（inverse PCR，IPCR）是克隆已知序列旁侧序列的一种方法，主要原理是用一种在已知序列中无切点的限制性内切酶消化基因组 DNA，然后酶切片段自身环化，以环化的 DNA 作为模板，用一对与已知序列两端特异性结合的引物，扩增夹在中间的未知序列。该扩增产物是线性的 DNA 片段，大小取决于上述限制性内切酶在已知基因侧翼 DNA 序列内部的酶切位点分布情况。用不同的限制性内切酶消化，可以得到大小不同的模板 DNA，再通过 IPCR 获得未知片段。

该方法的不足是：①需要从许多酶中选择限制酶，或者说必须选择一种合适的酶来进行酶切才能得到大小合理的 DNA 片段，这种选择不能在非酶切位点切断靶 DNA；②大多数核基因组含有大量中度和高度重复序列，而在酵母人工染色体（yeast artificial chromosome，YAC）或黏粒（cosmid）中的未知功能序列中有时也会有这些序列，这样，通过 IPCR 得到的探针就有可能与多个基因序列杂交。

2. 锚定 PCR

用酶法在一通用引物反转录 cDNA 3′-末端，加上一段已知序列，然后以此序列为引物结合位点对该 cDNA 进行扩增，称为锚定 PCR（anchored PCR，APCR）。

应用：它可用于扩增未知或全知序列，如未知 cDNA 的制备及低丰度 cDNA 文库的构建。

3. 不对称 PCR

两种引物浓度比例相差较大的 PCR 技术称为不对称 PCR（asymmetric PCR）。在扩增循环中引入不同的引物浓度，常用 50：1～100：1 比例。在最初的 10～15 个循环中主要产物还是双链 DNA，但当低浓度引物被消耗尽后，高浓度引物介导的 PCR 反应就会产生大量单链 DNA。

应用：可制备单链 DNA 片段用于序列分析或核酸杂交的探针。

4. 反转录 PCR

当扩增模板为 RNA 时，需先通过反转录酶将其反转录为 cDNA 才能进行扩增。反转录 PCR（reverse transcription PCR，RT-PCR）应用非常广泛，无论是分子生物学还是临床检验等都经常采用。

5. 修饰引物 PCR

修饰引物 PCR（modified primer PCR）是为达到某些特殊应用目的，如定向克隆、定点突变、体外转录及序列分析等，可在引物的 5′端加上酶切位点、突变序列、转录启动子及序列分析结合位点等。

6. 巢式 PCR

先用一对靶序列的外引物扩增以提高模板量，然后再用一对内引物扩增以得到特异的 PCR 带，此为巢式 PCR（nested PCR，NEST-PCR）。若用一条外引物作内引物则称之为半巢式 PCR。为减少 NEST-PCR 的操作步骤可将外引物设计得比内引物长些，且用量较少，同时在第一次 PCR 时采用较高的退火温度而第二次采用较低的退火温度，这样在第一次 PCR 时，由于较高退火温度下内引物不能与模板结合，故只有外引物扩增产物，经过若干次循环，待外引物基本消耗尽，无须取出第一次 PCR 产物，只需降低退火温度即可直接进行 PCR 扩增。这不仅减少操作步骤，同时也降低了交叉污染的机会。这种 PCR 称中途进退式 PCR。上述三种方法主要用于极少量 DNA 模板的扩增。

7. 等位基因特异性 PCR

等位基因特异性 PCR（allele specific PCR，ASPCR）依赖于引物 3′端的一个碱基错配，不仅减少多聚酶的延伸效率，而且降低引物-模板复合物的热稳定性。这样有点突变的模板进行 PCR 扩增后检测不到扩增产物，可用于检测基因的点突变。

8. 单链构型多态性 PCR

单链构型多态性 PCR（single strand conformation polymorphism PCR，SSCP-PCR）是根据形成不同构象的等长 DNA 单链在中性聚丙烯酰胺凝胶中的电泳迁移率变化来检测基因变异。在不含变性剂的中性聚丙烯酰胺凝胶中，单链 DNA 迁移率除与 DNA 长度有关外，更主要取决于 DNA 单链所形成的空间构象，相同长度的单链 DNA 因其顺序不同或单个碱基差异所形成的构象就会不同，PCR 产物经变性后进行单链 DNA 凝胶电泳时，每条单链处于一定的位置，靶 DNA 中若发生碱基缺失、插入或单个碱基置换时，就会出现泳动变位，从而提示该片段有基因变异存在。

9. 低严格单链特异性引物 PCR

低严格单链特异性引物 PCR（low stringency single specific primer PCR，LSSP-PCR）是建立在 PCR 基础上的又一种新型基因突变检测技术。要求是"二高一低"，高浓度的单链引物（5′端/3′端引物均可），约 4.8 mol/L，高浓度的 Taq 酶（16 mol/L），低退火温度（30℃），所用的模板必须是纯化的 DNA 片段。在这种低严格条件下，引物与模板间发生不同程度的错配，形成多种大小不同的扩增产物，经电泳分离后形成不同的带型。对同一目的基因而言，所形成的带型是固定的，因而称之为"基因标签"。这是一种检测基因突变或进行遗传鉴定的快速敏感方法。

10. 定量 PCR

定量 PCR（quantitative real time PCR，qPCR）是用合成的 RNA 作为内标来检测 PCR 扩增目标 mRNA 的量，涉及目标 mRNA 和内标用相同引物的共同扩增，但扩增出不同大小片段的产物，可容易地电泳分离。一种内标可用于定量多种不同的目标 mRNA。qPCR 可用于研究基因表达，能提供特定 DNA 基因表达水平的变化，在癌症、代谢紊乱及自身免疫性疾病的诊断和分析中很有价值。

11. 竞争性 PCR

竞争性 PCR（competitive PCR，c-PCR）是竞争 cDNA 模板与目的 cDNA 同

时扩增，使用同样的引物，但一经扩增后，能从这些目的 cDNA 区别开来。通常使用突变性竞争 cDNA 模板，其序列与目的 cDNA 序列相同，不过模板中仅有一个新内切位点或缺少内切位点，突变性的 cDNA 模板可用适当的内切酶水解，并用分光计测定其浓度。cDNA 目的序列和竞争模板相对应的含量，可用溴化乙啶染色，电泳胶直接扫描进行测定，或掺入放射性同位素标记的方法测定。竞争模板开始时的浓度是已知的，则 cDNA 目的序列的最初浓度就能测定。这种方法能精确测定 mRNA 中 cDNA 靶序列，可用于几个到 10 个细胞中 mRNA 的定量。

12. 半定量 PCR

半定量 PCR（semi-quantitative PCR，sq-PCR）不同于 c-PCR 的是参照物 ERCC-2 的 PCR 产物与目标 DNA 的 PCR 产物相似，并分别在管中扩增。sq-PCR 的流程为样品和内标 RNA 分别经反转录为 cDNA，然后样品 cDNA 和一系列不同量内标 cDNA 分别在不同管中进行扩增，PCR 产物在琼脂糖凝胶上电泳拍照，光密度计扫描，做出标准曲线，通过回归公式便可定量表达的基因量。虽然管与管之间的扩增效率难以控制，但由 PCR 扩增的所有样本和内标物在不同的实验中差异很小。这种技术可用于其他低表达的基因定量。

第九章　微生物菌种保藏技术

微生物个体微小，代谢活跃，生长繁殖快，如果保存不妥容易发生变异，或被其他微生物污染，甚至导致细胞死亡，这种现象屡见不鲜。菌种的长期保藏对任何微生物学工作者都是很重要的，而且也是非常必要的。

一、菌种保藏的原理

自 19 世纪末捷克微生物学家 F. Kral 开始尝试微生物菌种保藏以来，已建立了许多长期保藏菌种的方法。菌种保藏的原理是根据微生物的生理、生化特性，在人工创造的条件下尽量降低微生物细胞的代谢强度，使细胞基本处于休眠状态，生长繁殖受到抑制但又不至于死亡，以减低菌种的变异率（沈萍和陈向东，2015）。低温、干燥、真空、避光、营养贫乏是菌种保藏的重要手段。

随着分子生物学发展的需要，基因工程菌株的保藏已成为菌种保藏的重要内容之一，其保藏原理和方法与其他菌种相同。但考虑到重组质粒在宿主中的不稳定性，所以基因工程菌株的长期保藏目前趋向于将宿主和重组质粒 DNA 分开保存。

最早意识到菌种保藏的是 F. Kral，他在长期的实际工作中学习和掌握了相当丰富的微生物学知识与实验技能，后被聘请为布拉格大学细菌学副教授，讲授细菌学和真菌学课程。1890 年，Kral 建立了私人细菌学实验室，即 KRAL 细菌学实验室；同时建立了世界上第一个微生物菌种保藏室，保藏有 800 多个微生物菌种，相继公布了 5 个版本的菌种目录。遗憾的是，1911 年 Kral 去世，加之那时正处于第二次世界大战，菌种保藏室被毁，原保藏的菌种几经转移他处，至今已寥寥无几。最早建立且延续至今的微生物菌种保藏单位是 1906 年建立在荷兰的微生物菌种保藏中心（Centraalbureau voor Schimmelcultures，CBS）。

二、常用的几种菌种保藏方法

1. 斜面冰箱保藏法

将菌种转接在适宜的固体斜面培养基上，待其充分生长后，用封口膜或油纸将棉塞部分包扎好，置 4℃冰箱中保藏。值得注意的是，斜面试管用带帽的螺旋试管为宜，这样培养基不易干，且螺旋帽不易长霉，如用棉塞，要求棉塞比较干燥。

斜面冰箱法保藏菌种的时间依微生物的种类不同而异。霉菌、放线菌及形成芽胞的细菌保存 3~5 个月移种一次，普通细菌最好每月移种一次，假单胞菌则需两周移种一次，酵母菌间隔 2 个月移种一次。

此法操作简单、使用方便、不需特殊设备，能随时检查所保藏的菌株是否死亡、变异与污染杂菌等。缺点是保藏时间短、需定期传代，且易被污染，菌种的主要特性容易改变。

2. 液体石蜡保藏法

1) 将液体石蜡分装于试管或三角瓶中。塞上棉塞并用牛皮纸包扎，121℃灭菌 30 min，然后放在 40℃温箱中使水汽蒸发后备用。

2) 将需要保藏的菌种在最适宜的斜面培养基中培养，直到菌体健壮或孢子成熟。

3) 用无菌吸管取适量的无菌液体石蜡，加在已长好菌苔的斜面上，其用量以高出斜面顶端 1 cm 为准，这样使菌种与空气隔绝。

4) 将试管直立，置低温或室温下保存（有的微生物在室温下比在冰箱中保存的时间还要长）。

此法实用且效果较好。产孢子的霉菌、放线菌、芽胞菌可保藏 2 年以上，有些酵母菌可保藏 1~2 年，通常无芽胞细菌也可保藏 1 年左右，甚至用一般方法很难保藏的脑膜炎球菌，在 37℃的温箱内，亦可保藏 3 个月之久。此法的优点是制作简单，不需特殊设备，且不需经常移种。缺点是保存时必须直立放置，所占位置较大，同时也不便携带。

从液体石蜡下面取培养物移种后接种环在火焰上烧灼时，培养物容易与残留的液体石蜡一起飞溅，应特别注意，尤其是保藏致病菌更需小心。

3. 半固体穿刺保藏法

1) 用接种针将菌种直刺入装有半固体培养基的试管中央。培养试管选用带螺旋帽的短试管或用安瓿管、离心管等。

2) 将培养好的穿刺管盖紧，外面用封口膜封严，置 4℃存放。

3) 取用时将接种环（环的直径可小些）伸入菌种生长处挑取少许细胞，接入适当的培养基中。将穿刺管封严后可继续保藏。

该方法操作简便，是短期保藏菌种的一种有效方法。

4. 滤纸保藏法

1) 滤纸条的准备。将滤纸剪成 0.5 cm × 1.2 cm 的小条装入 0.6 cm × 8 cm 的

安瓿管中。每管装 1～2 片，用棉花塞上后经 121℃灭菌 30 min。

2）保护剂的配制。配制 20%脱脂奶，装在三角烧瓶或试管中，112℃灭菌 25 min。待冷后随机取出几份分别置于 28℃、37℃培养过夜，然后各取 0.2 mL 涂布在内汤平板上或斜面上进行无菌检查，确认无菌后方可使用，其余的保护剂置 4℃存放待用。

3）菌种培养。将需保存的菌种在适宜的斜面培养基上培养，直到其生长丰满。

4）菌悬液的制备。取无菌脱脂奶 2～3 mL 加入待保存的菌种斜面试管内，用接种环轻轻地将菌苔刮下，经振荡器振荡均匀，即为菌悬液。

5）分装样品。用无菌滴管（或吸管）吸取菌悬液滴在安瓿管中的滤纸条上，每片滤纸条约滴 0.5 mL，塞上棉花。

6）干燥。将安瓿管放入有五氧化二磷（或无水氯化钙）作吸水剂的干燥器中，用真空泵抽其至干。

7）熔封与保存。用火焰按将安瓿管封口，置 4℃或室温存放。

8）取用菌种。使用菌种时，取存放的安瓿管用锉刀或砂轮从上端打开安瓿管或将安瓿管口在火焰上烧热，然后在烧热处加一滴冷水使玻璃裂开，敲掉上端的玻璃，用无菌镊子取出滤纸，放入液体培养基中培养或加入少许无菌水，用无菌吸管或毛细滴管吹打几次，使干燥物很快溶解后吸出，转入适当的培养基中培养。

5. 砂土管保藏法

1）河砂处理。取河砂若干加入 10% HCl，加热煮沸 30 min 除去有机质。倒去 HCl 溶液，用自来水洗至中性，最后一次用蒸馏水冲洗，烘干后用 40 目筛子过筛，弃去粗颗粒，备用。

2）土壤处理。取非耕作层不含腐殖质的瘦黄土或红土，加自来水浸泡洗涤数次，直至中性。烘干后碾碎。用 100 目筛子过筛，丢掉粗颗粒部分。

3）砂土混合。处理好的河砂与土壤按 3∶1（V/V）的比例掺匀后，装入 10 mm × 100 mm 的小试管或安瓿瓶中，每管分装 1 g 左右，塞上棉塞，进行灭菌（通常采用间歇灭菌 2～3 次），最后烘干。

4）无菌检查。在每 10 支砂土试管中随机抽 1 支，将砂土倒入肉汤培养基中，30℃培养 40 h，若发现有微生物生长，所有砂土管则需重新灭菌，再作无菌试验，直至证明无菌后方可使用。

5）菌悬液的制备。取生长健壮的新鲜斜面菌种、加入 2～3 mL 无菌水（每 18 mm × 180 mm 的试管斜面菌种）用接种环轻轻地将菌苔洗下，制成菌悬液。

6）样品分装。注明标记后，每支砂土管加入 0.5 mL 菌悬液（使砂土润湿为宜），用接种环拌匀。

7）干燥。将装有菌悬液的砂土管放入盛有干燥剂的干燥器内，用真空泵抽干水分后火焰封口（也可用橡皮塞或棉塞塞住试管口）。

8）保存。置4℃冰箱或室温干燥处，每隔一定的时间进行检测。

此法多用于产芽胞的细菌、产生孢子的放线菌和霉菌。在抗生素工业生产中应用广泛、效果较好，可保存几年时间，但对营养细胞效果不佳。

6. 冷冻真空干燥法

1）安瓿管的准备。安瓿管按新购玻璃制品洗净，烘干后塞上棉花。可将保藏编号、日期等打印在纸上，剪成小纸条装入安瓿管中，经121℃灭菌30 min。

2）菌种培养。将要保藏的菌种接入斜面培养，产芽胞的细菌培养至芽胞从菌体脱落，产孢子的放线菌、霉菌至孢子丰满。

3）保护剂的配制。选用适宜的保护剂按使用浓度配制后灭菌，随机抽样培养后进行无菌检查（同滤纸法保护剂的无菌检查），确认无菌后才能使用。

糖类物质需用过滤器除菌，脱脂牛奶经112℃，25 min便可。

4）菌悬液的制备。吸2～3 mL保护剂加入新鲜斜面菌种试管，用接种环将菌苔或孢子洗下振荡，制成菌悬液，真菌菌悬液则需置4℃平衡20～30 min。

5）样品分装。用无菌毛细滴管吸取菌悬液加入安瓿管，每管装约0.2 mL。同时取几支无菌安瓿管分别装入0.2 mL、0.4 mL无菌蒸馏水作对照。

6）冷冻真空干燥。冷冻真空干燥前，先预冻，用程序控制温度仪进行分级降温。不同的微生物其最佳降温速率有所差异。一般由室温快速降温至4℃，4℃至–40℃每分钟降低1℃，–40℃至–60℃以下每分钟降低5℃。条件不具备者，可以使用冰箱逐步降温。从室温→4℃→–12℃（三星级冰箱为–18℃）→–30℃→–70℃，也可用盐冰、干冰等替代。启动冷冻真空干燥机制冷系统。当温度下降到–50℃左右时，将冻结好的样品迅速放入冻干机钟罩内启动真空泵抽气直至样品干燥，也可用简单的装置代替冻干机。

样品干燥的程度对菌种保藏的时间影响很大。一般要求样品的含水量约为3%，判断方法有两种。①外观。样品表面出现裂痕，与安瓿管内壁有脱落现象；对照管完全干燥。②指示剂。用3% $CoCl_2$ 水溶液分装冻干管，当溶液的颜色由红色变成浅蓝色后，再抽同样长的时间便可。

7）取出样品。样品抽干后先关真空泵，再关制冷机，打开进气阀使钟罩内真空度逐渐下降，直至与室内气压相等后打开钟罩，取出样品。先取几支冻干管在桌面上轻敲几下，如果样品很快疏散，说明干燥程度达到要求。若用力敲，样品不与内壁脱开，也不松散，则需继续冷冻真空干燥，此时样品不需预冻。将已干燥的样品管分别安在歧形管上，启动真空泵，进行第二次抽真空干燥。

8）熔封。用高频电火花真空检测仪检测冻干管内的真空程度。当检测仪将要触及冻干管时，发出蓝色电光说明管内的真空度很好，便在火焰下（氧气与煤气混合调节，或用火力强的酒精喷灯）熔封冻干管。

安全警示：火焰封口时，操作人员要戴上墨镜，长时间在强火焰光下对眼睛有损；同时也要防止玻璃质量不好，出现破裂，用于保护眼睛。

9）存活性检测。每个菌株取 1 支冻干管及时进行存活检测。打开冻干管，加入 0.2 mL 无菌水，用毛细滴管吹打几次，沉淀物溶解后转入适宜的培养基培养（丝状真菌、酵母菌则需要先置室温平衡 30～60 min 后转入培养基培养），根据生长状况确定其存活性，或用平板计数法或死/活细胞染色方法确定存活率，必要时可测定其特性。

10）保存。置 4℃保藏，隔时进行检测。

该方法是菌种保藏的主要方法，对大多数微生物较为适合、效果较好，保藏时间依不同的微生物菌种各异，有的可保藏几年，有的甚至可保藏长达 30 年之久。

取用冻干管时，先用 75%乙醇棉球将冻干管外壁擦干净，再用砂轮或锉刀在冻干管上端画一小痕迹，然后将所画之处向外，两手握住冻干管的上下两端稍向外用力便可打开冻干管，或将冻干管上端烧热，在烧热处滴几滴水使玻璃出现破裂，再用镊子敲开，加入少许无菌水，用无菌滴管轻轻吹打几次，使沉淀物完全溶解后，转入相应的培养基培养。

7. 液氮保藏法

1）冷冻管的准备。用于液氮保藏的冷冻管要求既能经 121℃高温灭菌又能在 −196℃低温下长期存放。现已普遍使用聚丙烯塑料制成的带有螺旋帽和垫圈的冷冻管，冷冻管上标有刻度容量为 2 mL。用自来水洗净后经蒸馏水冲洗多次，烘干，121℃灭菌 30 min。

2）保护剂的准备。配制 10%～20%的甘油，121℃灭菌 30 min。使用前随机抽样进行无菌检查（见滤纸法保护剂的配制）。

3）菌悬液的制备。取新鲜的培养健壮的斜面菌种加入 2～3 mL 保护剂，用接种环将菌苔洗下振荡，制成菌悬液。

4）样品分装。用不易褪色的油性记号笔在冷冻管上注明菌种编号，用无菌吸管吸取菌悬液，加入冷冻管中，每支管加入 0.5 mL 菌悬液，拧紧螺旋帽。

如果冷冻管的垫圈或螺旋帽封闭不严，液氮罐中的液氮便会进入管内，取出冷冻管时会发生爆炸。因此，密封垫圈或螺旋帽十分重要，需特别细致。从液氮罐内取出冷冻管时需戴头盔，谨防冷冻管爆炸伤人。

5）预冻与保存。将分装好的冷冻管固定在程控降温仪冷室的夹子上，设定降温程序：0～室温℃，5℃/min；−40～0℃，1℃/min；−70～−40℃，5℃/min，再转入液氮罐吊桶（或吊盒）内，将液氮罐盖好，将冷冻管存放在液氮罐中的位置做好记录，便于以后取用。不具备程控降温仪的实验室可利用冰箱实现逐渐降温，方法同冷冻真空干燥法。

6）解冻。需使用样品时，带上棉（或皮制）手套，从液氮罐中取出冷冻管并迅速放入 37℃水浴中摇动 1～2 min，样品很快融化。然后在超净台上用无菌吸管取出菌悬液加入适宜的培养基中恒温培养便可。

7）存活性测定。可采用以下方法进行存活检测。①染色法。取解冻融化的菌悬液按细菌、真菌死/活细胞染色法，通过显微镜观察细胞存活和死亡的比例，计算出存活率。②活菌计数法。分别将预冻前和解冻融化的菌悬液按 10 倍稀释法涂布平板培养，然后，根据两者的菌落形成单位（colony forming unit，CFU）/mL计算其存活率（如有必要，可测定菌种相应特征的稳定性）。

保藏菌种的存活性按以下公式进行计算：

存活率 =（保藏后每毫升活菌数/保藏前每毫升活菌数）×100%

8. 低温冷冻法

低温冷冻法所指的低温是在冰箱条件下的低温范围（–80～–18℃）。低温冷冻法现已成为实验室保藏微生物菌种的常用方法。其操作程序同液氮法大体相同，只是预冻方式略为简单，如果样品需在–30～–18℃保存，样品分装后在 4℃静置20～30 min，然后转入低温冰箱，若样品将存放在–80℃，则需按液氮法预冻。

在普通实验室样品多分装在无菌离心管内，替代液氮法中的冷冻管。经低温冷冻法保藏样品的解冻同液氮法。

低温冷冻法使用的保护剂浓度随存放温度的下降而增加，菌种保藏的时间往往随温度的下降而延长。在高于–40℃条件下，菌种保藏的时间较短。

第二部分
基本技术实验

实验一　脂肪碘值和过氧化值的测定

一、实 验 目 的

了解测定碘值和过氧化值的意义，掌握测定脂肪碘值和过氧化值的原理与方法；通过测定不同油脂的碘值和过氧化值，比较其品质的优劣；学习和掌握滴定法的基本操作。

二、实 验 原 理

1. 碘值

脂肪中，不饱和脂肪酸链上有不饱和键，可与卤素进行加成反应。不饱和键数目越多，加成的卤素量就越多，通常以碘值（iodine value）表示。在一定条件下，每 100 g 脂肪所吸收的碘的克数称为脂肪的碘值。碘值越高，表明不饱和脂肪酸的含量越高，它是鉴定和鉴别油脂的一个重要常数。

本实验使用溴化碘进行碘值测定。IBr 的一部分与不饱和脂肪酸起加成作用，剩余部分与碘化钾作用放出碘，放出的碘用硫代硫酸钠滴定。具体反应如下。

$$加成反应：— CH = CH — + IBr \rightarrow — CHI — CHBr —$$
$$释放碘：IBr + KI \rightarrow KBr + I_2$$
$$滴定：I_2 + 2\,Na_2S_2O_3 \rightarrow 2\,NaI + Na_2S_4O_6$$

2. 过氧化值

脂肪在贮藏过程中氧化生成了多少过氧化物可以用过氧化值（peroxide value）来表示。每 100 g 油脂中所含的过氧化物，在酸性条件下与碘化钾作用时析出的碘的克数称为油脂的过氧化值。在一定的范围内，过氧化值反映了油脂氧化酸败的程度，是判断油脂酸败程度的一项重要指标。但是，当油脂严重酸败时，过氧化物分解的速度大于它的生成速度，因此过氧化值反而降低。

过氧化物与 KI 作用生成游离碘，具体反应式：

$$—HC—CH— + 2KI \rightarrow —HC—CH— + K_2O + I_2$$

然后再以硫代硫酸钠标准溶液滴定反应生成的碘，根据滴定消耗的硫代硫酸钠的体积，可计算油脂的过氧化值。新鲜油脂的过氧化值不应大于 0.15%。

实验通过测定油脂的碘值、过氧化值，评价油脂的品质及新鲜程度。

三、仪器、试剂与材料

1. 仪器

电子天平、棕色碱式滴定管、碘量瓶、带玻璃塞的锥形瓶（500 mL）、吸量管（10 mL、25 mL、50 mL）、量筒（200 mL）等。

2. 试剂

（1）基本试剂

1% 淀粉溶液、10% KI 溶液、6 mol/L HCl 、CCl_4（分析纯）、KI、重铬酸钾（用来标定硫代硫酸钠）。

（2）其他试剂

1）Hanus 试剂（IBr 溶液）。取 12.2 g 碘，缓缓加入 1000 mL 冰醋酸（纯度为 99.5%，要求与硫酸及重铬酸钾水浴共热时不呈绿色），边加边摇，同时在 50 ℃水浴中加热，使碘溶解。冷却后，加 3 mL 溴使卤素值增高 1 倍（未加溴时，取 1 mL 碘液加几滴 KI 后用 $Na_2S_2O_3$ 滴定；加入溴之后，再按同法滴定，所耗 $Na_2S_2O_3$ 用量应为前者的 1 倍）。贮于棕色瓶中。

2）0.1 mol/L $Na_2S_2O_3$ 标准溶液。取 $Na_2S_2O_3 \cdot 5H_2O$（结晶）25 g，溶于经煮沸后冷却的蒸馏水（除去 CO_2，杀死细菌）中；加 0.2 g Na_2CO_3，稀释到 1000 mL 后，贮于棕色瓶中并置于暗处，一天后进行标定。

3）0.02 mol/L $Na_2S_2O_3$ 标准溶液。临用时将 0.1 mol/L $Na_2S_2O_3$ 标准溶液稀释至所需浓度即可。

4）三氯甲烷-冰醋酸混合液。量取 40 mL 三氯甲烷，加 60 mL 冰醋酸，混匀。

5）饱和 KI 溶液。称取 14 g KI，加 10 mL 蒸馏水。必要时微热加速溶解，冷却后贮存于棕色瓶中。

3. 材料

各种油脂。

四、实 验 步 骤

1. 标准硫代硫酸钠溶液的标定

重铬酸钾标定时的反应式：

$$Cr_2O_7^{2-} + 6\ I^- + 14\ H^+ = 2\ Cr^{3+} + 3\ I_2 + 7\ H_2O$$
$$2\ Na_2S_2O_3 + I_2 = Na_2S_4O_6 + 2\ NaI$$

称取 0.1 g 左右（m）于 120℃ 烘干 2 h 的重铬酸钾，置于 500 mL 锥形瓶中，加 50 mL 水溶解，再加入 2 g 固体 KI、10 mL 6 mol/L HCl，混匀，盖好塞子，于暗处反应 10 min。再加 150 mL 水，立即用硫代硫酸钠滴定至淡黄色；加入淀粉作指示剂，缓缓滴定至蓝绿色即为终点，记录消耗的硫代硫酸钠的体积（V）。按下式计算硫代硫酸钠溶液的浓度：

$$c(\text{mol}/\text{L}) = \frac{6m/294.18}{V/1000} = \frac{20.4m}{V}$$

2. 脂肪碘值的测定

称取 0.3～0.4 g 油脂，置于洁净、干燥的碘量瓶内，切勿使油滴粘在瓶颈或壁上。加入 10 mL CCl_4，轻轻摇动，使油全部溶解。仔细加入 25 mL Hanus 溶液，勿使溶液接触瓶颈。若加入碘试剂后碘瓶中颜色为浅褐色，需再添加 10～15 mL Hanus 溶液；若液体变混浊，则需添加 CCl_4。盖好瓶塞，在玻璃塞与瓶口之间加数滴 10% KI 溶液封闭缝隙，以免碘挥发。室温下暗处放置 30 min，并不时轻轻摇动。30 min 后小心地打开玻璃塞，使塞旁碘化钾溶液流入瓶内。加入 10 mL 10% KI，并用 50 mL 蒸馏水把玻璃塞和瓶颈上的液体洗入瓶内，混匀。用 0.1 mol/L $Na_2S_2O_3$ 溶液迅速滴定至浅黄色。加入 1 mL 1%淀粉溶液，继续滴定。将近终点时，用力振荡，使碘由四氯化碳层全部进入水层。再滴定至蓝色消失，即为滴定终点。另作空白对照，除不加样品外，其余操作同上。滴定后，将废液倒入废液缸内，以便回收 CCl_4。

按下式计算碘值：

$$碘值 = \frac{c \times (A-B) \times 126.9}{1000 \times W} \times 100$$

式中，c 为硫代硫酸钠溶液的浓度（mol/L）；A 为滴定空白用去的 $Na_2S_2O_3$ 溶液的体积（mL）；B 为滴定碘化后样品用去的 $Na_2S_2O_3$ 溶液的体积（mL）；W 为样品的质量（g）。

3. 脂肪过氧化值的测定

称取 2～3 g 油脂，置于 250 mL 碘量瓶中，加 30 mL 三氯甲烷-冰醋酸混合，使样品完全溶解。加入 1 mL 饱和 KI 溶液。盖好瓶盖并轻轻振摇 0.5 min，然后暗处放置 5 min。取出加 100 mL 蒸馏水，摇匀。立即用 0.02 mol/L 硫代硫酸钠标准溶液滴定至淡黄色时，加 1 mL 淀粉指示剂；继续滴定至蓝色消失为终点。取相同量三氯甲烷-冰醋酸溶液、碘化钾溶液、蒸馏水按同一方法作空白滴定。

按下式计算样品的过氧化值：

$$POV = \frac{c(V_1 - V_2) \times 126.9}{1000 \times m} \times 100$$

式中，POV 为过氧化值（g/100 g）；V_1 为样品滴定时消耗的硫代硫酸钠标准溶液的体积（mL）；V_2 为空白滴定时消耗的硫代硫酸钠标准溶液的体积（mL）；c 为硫代硫酸钠标准溶液的量浓度（mol/L）；m 为样品质量（g）。

五、实验结果及分析

计算样品的碘值、过氧化值，比较样品品质的优劣。

六、注 意 事 项

1）硫代硫酸钠是无色透明晶体，易溶于水，其水溶液呈弱碱性。在中性和碱性溶液中 SO_3^{2-} 较稳定，在酸性中不稳定（$H^+ + SO_3^{2-} \rightarrow HSO_3^- + S\downarrow$；$Na_2S_2O_3 \rightarrow H_2S\uparrow + SO_2\uparrow$），故配制溶液时加入一定量的 Na_2CO_3，使溶液的 pH 为 9～10；CO_2（$Na_2S_2O_3 + CO_2 + H_2O \rightarrow NaHCO_3 + NaHSO_3 + S\downarrow$）、氧气（$2\,Na_2S_2O_3 + O_2 \rightarrow 2\,Na_2SO_4 + S\downarrow$）和微生物（$Na_2S_2O_3 \rightarrow Na_2SO_3 + S\downarrow$）可促使 $Na_2S_2O_3$ 分解。因此临用前要进行标定。

2）碘量瓶必须洁净、干燥，否则瓶中的水分会引起反应不完全。

3）测量碘值的实验中，在将近滴定终点时用力振荡是滴定成败的关键，否则容易滴定过量或不足。如振荡不够，CCl_4 层会出现紫色或红色。此时应当用力振荡，使碘进入水层。

4）淀粉能吸附碘，到终点时颜色不易褪去，因此淀粉溶液不宜加得过早。

5）硫代硫酸钠与碘的反应应该在中性或弱酸性溶液中进行，因为在碱性溶液中会发生副反应，在强酸性溶液中硫代硫酸钠会分解，碘会被氧化。

七、思 考 题

1）硫代硫酸钠的配制为什么要提早一周进行？为什么要用新煮沸后放冷的蒸馏水？为什么要加入碳酸钠？

2）测量碘值时为什么要放在暗处进行？标定硫代硫酸钠时为什么要控制酸度范围？

3）用碘量法测定碘值时，加入过量 KI 的目的是什么？

4）请查阅资料，简述油脂中碘值、过氧化值的范围。

实验二　植物组织中维生素 C 含量的测定

一、实 验 目 的

学习植物组织的破碎方法;掌握植物组织中维生素 C 含量测定的原理和方法;学习、掌握吸量管的使用和过滤技术,以及掌握微量滴定法的基本操作技术。

二、实 验 原 理

维生素 C(vitamin C)即抗坏血酸(ascorbic acid),其分子中含有两个烯醇基,当用染料 2,6-二氯酚靛酚作氧化剂时,可将还原态的维生素 C 氧化成为脱氢维生素 C,而染料本身被还原成无色的衍生物。

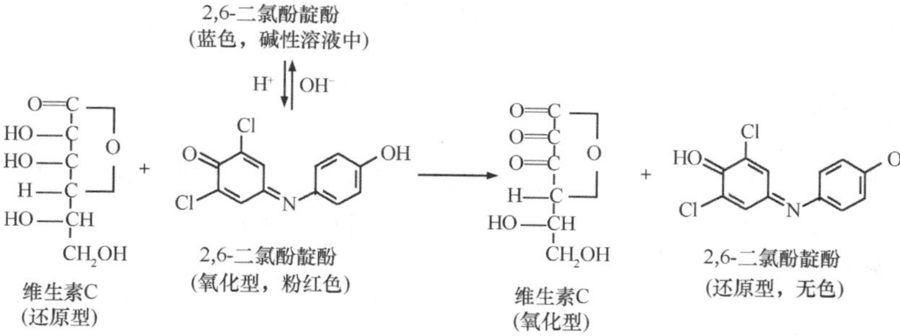

图 1　2,6-二氯酚靛酚与维生素 C 的反应

滴定时,蓝色的 2,6-二氯酚靛酚刚进入酸性溶液中为红色,植物提取液中的维生素 C 将 2,6-二氯酚靛酚还原为无色。到滴定终点时,多余的 2,6-二氯酚靛酚呈现为微红色。根据 2,6-二氯酚靛酚的用量即可求出样品中维生素 C 的含量。

本实验方法简便,但不够准确;主要原因是:①生物组织提取液中维生素 C 还能以脱氢(氧化型)和结合形式存在,这两种形式都具有还原型维生素 C 的生物活性,却不能将 2,6-二氯酚靛酚还原脱色,因此不能测出这部分维生素 C 的含量;②生物组织提取液中常含有天然色素,干扰对滴定终点的观察。

三、仪器、试剂与材料

1. 仪器

分析天平、碱式滴定管(10 mL)、漏斗、漏斗架、吸量管(2 mL、5 mL、

10 mL）、研钵、玻璃棒、容量瓶（50 mL）、三角瓶或小烧杯（50 mL）等。

2. 试剂

1）2%（m/V）草酸。13.9969 g 结晶草酸（含 2 H_2O，$Mr = 126.0$）定容至 1000 mL。

2）0.2 mg/mL 标准维生素 C 溶液。用 1%（m/V）草酸溶解 20 mg 纯维生素 C 并定容至 100 mL，棕色瓶贮存，当天配制。

3）0.1%（m/V）2,6-二氯酚靛酚钠。取 0.21 g 碳酸氢钠溶于 250 mL 热水中，再加入 1.0 g 2,6-二氯酚靛酚钠，溶解、冷却后定容至 1000 mL。过滤，装入棕色瓶内，置于冰箱内保存（3～5 天）。市售的 2,6-二氯酚靛酚钠质量不一，使用前用新配制的标准维生素 C 溶液标定，消耗的染料控制在 4 mL 左右。

3. 材料

橘子或其他果蔬。

四、实验内容及步骤

1. 2,6-二氯酚靛酚的标定

取 2 mL 标准维生素 C 溶液，加入 8 mL 1%草酸，以 0.1%（m/V）2,6-二氯酚靛酚滴定，至粉红色能存在 15 s 为终点，记录消耗的体积 V。

由于维生素 C 很不稳定，故配制后必须马上进行标定。

2. 维生素 C 的提取

称取 5 g 鲜橘子肉，加 5 mL 2%草酸研磨成匀浆（研磨时间不超过 10 min），转入 50 mL 容量瓶中（用 10 mL 1%草酸分 3 次清洗研钵，洗液一并转入容量瓶中），定容至刻度。用干滤纸过滤或用离心机离心，备用。

3. 维生素 C 含量的测定

1）用干净吸管吸取滤液或者离心后的上清液 10 mL，放入 50 mL 三角瓶或小烧杯中，立即用 2,6-二氯酚靛酚迅速滴定，直到粉红色能存在 15 s 为止，记录 V_1。

滴定时，最初染料需很快加入，而后尽可能快的一滴一滴加入，同时不停地摇动，直至粉红色存在 15 s。样品中可能有其他杂质也能还原 2,6-二氯酚靛酚，但一般杂质还原 2,6-二氯酚靛酚的速度较慢，故滴定速度很重要。终点以粉红色存在 15 s 为准。如时间过长，则其他杂质也可能参加还原作用。滴定应该在 1～2 min 完成。

样品提取液做 3 份，取平均值。

2）另取 10 mL 1%草酸，用染料滴定至如上所述的终点，作为空白对照，记录 V_2。

4. 计算

1）1 mL 染料中的维生素 C 含量（T）（mg/mL）

$$T = \frac{0.2 \times 2}{V - V_2}$$

式中，0.2 为标准维生素 C 的浓度（mg/mL）；2 为标定时吸取的标准维生素 C 的体积（mL）；V 为标定时消耗的 2,6-二氯酚靛酚的体积（mL）；V_2 为空白滴定时消耗的 2,6-二氯酚靛酚的体积（mL）。

2）样品中维生素 C 含量（mg/100 g）

$$维生素 C 含量 = \frac{(V_1 - V_2) \times T}{W} \times 100$$

式中，W 为滴定时取用的样品滤液中所含样品的质量（g）；V_1 为滴定样品提取液时消耗 2,6-二氯酚靛酚的体积（mL）；V_2 为空白滴定时消耗 2,6-二氯酚靛酚的体积（mL）。

五、实验结果及分析

计算样品中维生素 C 的含量，并分析产生误差的原因。

六、注 意 事 项

1）研磨、过滤、滴定时应尽可能快地完成。
2）粉红色存在 15 s 不褪色即为滴定终点，不能等到 30 s 后褪色了再滴定。

七、思 考 题

1）测定维生素 C 的含量时为什么要进行 2,6-二氯酚靛酚溶液的标定？
2）为了保证维生素 C 含量测定准确，应注意些什么？
3）试述 2,6-二氯酚靛酚滴定法测维生素 C 含量的优缺点。

实验三　丙二醛含量的测定

一、实　验　目　的

学习离心机、分光光度计的使用；掌握植物体内和油脂中丙二醛含量测定的原理与方法；比较不同生境或不同逆境处理后的同种植物体内丙二醛含量的变化，或者比较油脂在贮存过程中丙二醛含量的变化。

二、实　验　原　理

动植物器官衰老或在逆境下遭受伤害，细胞中产生自由基（$\cdot O_2^-$和$\cdot OH$），诱导质膜中不饱和脂肪酸发生过氧化作用，产生脂质自由基；使蛋白质脱 H^+ 而产生蛋白质自由基，并发生链式聚合，从而使细胞膜变性，细胞损伤或死亡。经过一系列反应，最终生成丙二醛（malondialdehyde，MDA）。MDA 是膜脂过氧化作用的终产物，其含量可以反映动植物细胞遭受逆境伤害的程度。

MDA 在酸性和高温条件下，与硫代巴比妥酸（thiobarbituric acid，TBA）反应生成红棕色的三甲川（3,5,5-三甲基恶唑-2,4-二酮），在 532 nm 处有最大光吸收，该复合物的吸光系数为 155 L /(mmol·cm)。

1. 植物体内 MDA 含量的测定

当测定植物体内 MDA 含量时，可溶性糖对 MDA-TBA 反应有干扰。糖-TBA 反应产物在 450 nm 处有最大光吸收，吸光系数为 85.4×10^{-3} L/(mmol·cm)；糖-TBA 反应产物在 532 nm 的吸光系数是 7.4×10^{-3} L/(mmol·cm)。532 nm 处非特异性吸光值可用 600 nm 波长处的吸光值代表。

因此，按双组分分光光度法原理建立方程：

$$A_{450} = 85.4 \times 10^{-3} \times c_1$$

$$A_{532} - A_{600} = 155 \times c_{\text{MDA}} + 7.4 \times 10^{-3} \times c_1$$

$$c_{\text{MDA}}(\mu\text{mol}/\text{L}) = 6.452(A_{532} - A_{600}) - 0.559 A_{450}$$

式中，c_1 为可溶性糖的浓度。

低浓度的 Fe^{3+} 能够显著增加 TBA 与 MDA 或糖反应产物在 532 nm、450 nm 处的吸光值，所以在该反应体系中需一定量的 Fe^{3+}。根据样品量和提取液的体积，

加入 Fe^{3+} 的终浓度为 0.5 μmol/L。通常植物中 Fe^{3+} 含量为 100～300 μg/(g 鲜重)，一般能满足反应要求。

2. 油脂中 MDA 含量的测定

我国规定了猪油中 MDA 的测定方法（GB/T 8937-2006 附录 A 方法中 MDA 的检验方法，2017.3），但对于其他动物和植物油脂尚未建立相关的标准检测方法。强制性国家标准《食用动物油脂卫生标准》（GB 10146-2005）规定，动物油脂中的 MDA $\leqslant$ 2.5 mg/kg。

可以用不同浓度的 MDA 标准品制作标准曲线，再根据样品的吸光值通过标准曲线计算出油脂中 MDA 的浓度。

三、仪器、试剂与材料

1. 仪器

离心机、分光光度计、恒温振荡器、恒温水浴锅、电子天平、离心管、石英砂、滤纸、研钵、试管、吸量管、量筒（10 mL）、具塞比色管（25 mL）、锥形瓶（100 mL）、漏斗、漏斗架、剪刀、吸耳球等。

2. 试剂

1）10% 三氯乙酸（trichloroacetic acid，TCA）。

2）1 mol/L NaOH。

3）0.6%（m/V）TBA 溶液。TBA 为微黄色或微橙红色粉状结晶，溶于沸水、碱液中。可用少量 1 mol/L NaOH 将其溶解后，在搅拌下缓缓滴加 10% TCA；若溶液变混浊，再滴加 1 到数滴 NaOH 至混浊刚好消失；如此反复，最后用 10% TCA 定容即可。

4）0.02 mol/L TBA。配制方法同上。

5）1 μg/mL MDA。称取 0.0315 g 1,1,3,3-四乙氧基丙烷，用 95%乙醇溶解后定容至 100 mL，配制成 100 μg/mL 的 MDA 贮备液，置于冰箱中保存。

1 μg/mL MDA 应用液。取上述贮备液 1 mL 用 7.5% TCA 混合液稀释至 100 mL，置于冰箱中保存。

6）7.5% TCA 混合液。取 7.5 g TCA，0.1 g 乙二胺四乙酸二钠（EDTA），用水溶解，稀释至 100 mL。

7）三氯甲烷（分析纯）。

3. 材料

植物组织（叶片或根等）、新鲜猪油或植物油（未加抗氧化剂）。

四、实验内容及步骤

（一）植物组织中 MDA 的测定

1. 植物组织中 MDA 的提取

称取受逆境胁迫的植物叶片 1 g（鲜重），加入少量石英砂和 2 mL 10% TCA，研磨至匀浆，转入离心管中。用 10% TCA 分三次清洗研钵，一并转入离心管中，两两平衡后对称放入离心机的转子中，于 4000 r/min 离心 10～15 min。取上清液并量其体积（V_0），即为 MDA 提取液。

2. MDA 的含量测定

取 3 支干净试管并编号，2 支为样品管，各加入提取液 3 mL（V_1），对照管加蒸馏水 3 mL，然后各管再加入 3 mL 0.6% 硫代巴比妥酸溶液。摇匀，混合液在沸水浴中反应 10～15 min（自试管内溶液中出现小气泡开始计时）。取出试管并冷却，再 4000 r/min 离心 15 min，取上清液，量其体积（V_2）；以对照管调零，分别测 450 nm、532 nm、600 nm 处的 A 值。做 3 个重复，取其平均值。

3. MDA 含量的计算

$$植物组织中MDA含量[\mu mol/(g鲜重)]=\frac{c_{MDA}\times V_0\times V_2}{V_1\times 1000\times W}$$

式中，W 为样品鲜重（g）。

（二）油脂中 MDA 的测定

1. MDA 标准曲线的制作

取 6 支 25 mL 的具塞比色管编号，分别准确加入 1 μg/mL MDA 应用液 0 mL、1 mL、2 mL、3 mL、4 mL、5 mL，用 7.5% TCA 混合液补充至 5 mL。再加入 5.0 mL TBA 溶液，混匀。置于 90℃ 水浴内保温 40 min，取出，冷却至室温。将溶液移入离心管中，2000 r/min 离心 5 min 后取上清液，加入 5 mL 三氯甲烷，摇匀，静止，待溶液分层后，取上清液，以空白为对照，测定 532 nm 处的吸光值，并制作标准曲线。

2. 样品中 MDA 的含量测定

1）称取融化均匀的猪油 5 g，置于 100 mL 具塞三角瓶内，加入 50 mL 7.5% TCA 混合液，摇匀密封。置于 50 ℃恒温振荡器上以 150 r/min 振摇 30 min，冷却至室温，用双层定量慢速滤纸过滤（或者用普通双层滤纸过滤两次），滤液备用。

2）准确吸取上述滤液 5.0 mL 置于 25 mL 具塞比色管中，加入 5.0 mL TBA 溶液，混匀。置于 90 ℃水浴内保温 40 min，取出，冷却至室温。将溶液移入离心管中，2000 r/min 离心 5 min 后取上清液，加入 5 mL 三氯甲烷，摇匀，静止，待溶液分层后，取上清液测定 532 nm 处的吸光值，以不加油样的试剂溶液作为空白对照。

3. MDA 含量的计算

$$油脂中\ MDA\ 含量（mg/kg）= \frac{c \times V \times 10^{-3}}{m \div 10} \times 1000$$

式中，c 为样品的 A_{532} 通过标准曲线计算出的 MDA 浓度（μg/mL）；V 为显色反应体系的总体积（MDA 应用液 + TCA 混合液 + TBA，mL）；m 为油脂的质量（g）。

五、实验结果及分析

根据计算结果，比较不同生境下或不同逆境处理后的同种植物组织中丙二醛的含量，或者比较油脂在贮存过程中 MDA 含量的变化。

六、注 意 事 项

1）MDA-TBA 显色的温度和时间要控制好。

2）若待测液浑浊，可适当增加离心力、离心时间。

3）离心过程中，若听到异常响声，可能是离心管破碎或离心管不平衡，应立即切断电源，停止离心，检查原因。在离心机高速运转过程中切勿打开离心机盖，以防造成意外事故。避免离心机连续使用时间过长，一般使用 60 min 后要间隔 20～30 min 再使用。

4）有机溶剂会腐蚀离心管，酸、碱、盐溶液会腐蚀金属，若发现渗漏现象应及时擦洗干净，以免损坏离心机。

七、思　考　题

1）TBA 为什么要溶解在 TCA 中？

2）衰老植物体内 MDA 的含量有什么变化？分析其原因。

3）油脂在贮存过程中 MDA 的含量为什么会增加？

4）测溶液的吸光值时为什么要设计空白管？

实验四　植物组织中蛋白质含量的测定

一、实验目的

熟练使用离心机和分光光度计；掌握考马斯亮蓝染色法（Bradford 法）测定蛋白质含量的原理和方法。

二、实验原理

蛋白质是细胞中最重要的生物大分子之一，承担着各种生物功能。蛋白质的定量分析是蛋白质结构与功能分析的基础，也是农产品品质分析、食品营养价值比较、分子育种、临床诊断等的重要手段。根据蛋白质的理化性质，蛋白质定量测定的方法有凯式定氮法、双缩脲法、福林-酚法（folin-phenol reagent method，也称 Lowry 法）、紫外吸收法、考马斯亮蓝染色法和胶体金测定法。

考马斯亮蓝染色法是比色法与色素法相结合的复合方法，简便快捷、灵敏度好。考马斯亮蓝 G-250 在酸性溶液中的游离状态呈红褐色，与蛋白质结合呈蓝色，且最大吸收波长从 465 nm 转变为 595 nm。当蛋白质浓度在 10~1000 μg/mL 时，颜色深浅与蛋白质含量成正比。干扰考马斯亮蓝染色法的因素主要有去污剂，如 Triton X-100、SDS 和 0.1 mol/L NaOH。

三、仪器、试剂与材料

1. 仪器

离心机、分光光度计、电子天平、离心管、容量瓶、试管、吸量管、研钵等。

2. 试剂

1）100 μg/mL 牛血清白蛋白（BSA）。称取 10 mg BSA 用蒸馏水溶解、定容至 100 mL，制成 100 μg/mL 标准蛋白质溶液。

2）考马斯亮蓝 G-250。100 mg 考马斯亮蓝 G-250，加 50 mL 95%乙醇，加 100 mL 85% H_3PO_4，加蒸馏水稀释至 1000 mL，用两层滤纸过滤，室温下可放置一个月。

3）蛋白质提取液。取 45 mL 1 mol/L Tris-HCl（pH = 8）、75 mL 甘油、6 g 聚乙烯吡咯烷酮，用蒸馏水定容至 300 mL。

3. 材料

白菜叶片。

四、实验内容及步骤

1. 标准曲线的制作

取 6 支试管编号，按下表依次加入各种试剂并震荡混匀，室温静置 3 min，以 0 号管为空白对照，于 595 nm 处测定各管的吸光值（表 1）。以吸光值为纵坐标，BSA 浓度为横坐标绘制标准曲线，得出标准曲线方程

$$A = kc \pm b$$

式中，A 为吸光值；c 为标准蛋白质的浓度；k 为斜率；b 为纵轴上的截距。

表 1　蛋白质标准曲线的制作

管号	0	1	2	3	4	5
BSA/mL	0	0.2	0.4	0.6	0.8	1.0
蒸馏水/mL	1.0	0.8	0.6	0.4	0.2	0
G-250 /mL	5	5	5	5	5	5

2. 样品蛋白质的提取

称取 1 g 左右新鲜白菜叶片放入研钵中，加入 3.0 mL 蛋白质提取液（预先在冰上冷却），在冰浴上研磨成匀浆后转入离心管中，用 2 mL 提取液将研钵清洗 3 次，洗液一并转入离心管中。平衡后于 4℃ 10 000 r/min 离心 20 min。将上清液转入容量瓶中，用蒸馏水定容至 10 mL。

3. 样品蛋白质含量的测定

另取干净试管加入 1 mL 样品待测液和 5 mL 考马斯亮蓝 G-250 溶液，混匀，室温静置 3 min，于 595 nm 处比色，记录 A_{595}。平行做 3 份，取 A_{595} 的平均值。

根据所测样品的平均吸光值，通过标准曲线计算出蛋白质浓度（μg/mL），按下式计算：

$$样品蛋白质含量 = \frac{X \times V_{总} \times n}{W \times 10^{6}} \times 100\%$$

式中，X 为通过标准曲线计算出的蛋白质浓度（μg/mL）；$V_{总}$ 为样品提取的总体积

（mL）；n 为稀释倍数；W 为样品质量（g）。

五、实验结果及分析

1）计算出样品中的蛋白质含量。
2）查阅相关资料，分析实验结果误差来源。

六、注 意 事 项

1）研磨要充分。
2）取液量要准确。
3）样品要稀释至合适浓度。

七、思 考 题

1）常用的测定蛋白质含量的方法有哪些？
2）Bradford 法测定蛋白质含量时应注意哪些事项？

实验五　还原糖和总糖含量的测定

一、实 验 目 的

掌握 3,5-二硝基水杨酸法测定还原糖和总糖含量的原理和方法；正确、熟练地使用分光光度计。

二、实 验 原 理

目前常用的测定糖含量的方法有 3,5-二硝基水杨酸（DNS）法（可测还原性糖含量）、蒽酮-硫酸法（可测总糖含量）、苯酚-硫酸法（可测甲基化的糖、戊糖和多聚糖含量）。

在 NaOH 存在下，DNS 与还原糖共热后被还原生成氨基化合物（图 1），此化合物呈橘红色，在 540 nm 处有最大光吸收；在一定的浓度范围内，吸光值与还原糖的含量呈线性关系，利用比色法可测定样品中还原糖的含量。

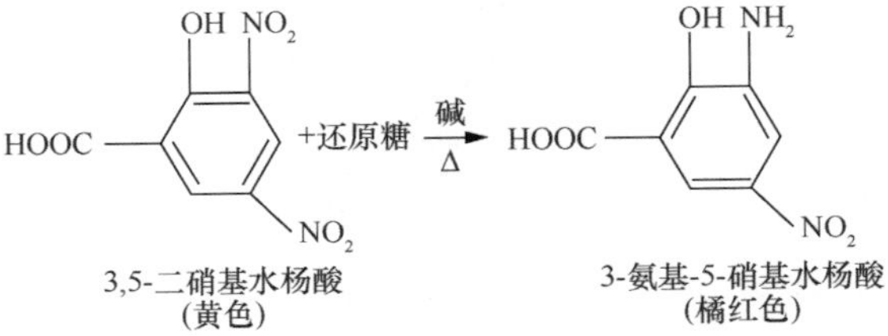

图 1　3,5-二硝基水杨酸与还原糖的反应

三、仪器、试剂与材料

1. 仪器

分光光度计、离心机、水浴锅、分析天平、锥形瓶、吸量管（1 mL、2 mL、10 mL）、研钵、容量瓶（50 mL、100 mL）、试管、滤纸、漏斗、漏斗架等。

2. 试剂

1）1 mg/mL 葡萄糖标准溶液。称取干燥至恒重的葡萄糖 100 mg，加蒸馏水溶解后，定容至 100 mL，混匀，4℃冰箱中保存备用。

2）3,5-二硝基水杨酸试剂。将 6.3 g 3,5-二硝基水杨酸、262 mL 2 mol/L NaOH 加到酒石酸钾钠的热溶液中（185 g 酒石酸钾钠溶于 500 mL 水中，45℃水浴），再加 5 g 结晶酚和 5 g 亚硫酸钠溶于其中，搅拌溶解，冷却后定容到 1000 mL，贮于棕色瓶中。配制全过程溶液温度不得超过 50 ℃。

3）6 mol/L HCl 溶液。取 50 mL 浓盐酸（12 mol/L）用蒸馏水稀释至 100 mL。

4）I_2-KI 溶液。称取 0.5 g 碘、1 g 碘化钾溶于 10 mL 蒸馏水中。

5）0.1%（m/V）酚酞指示剂。

6）6 mol/L NaOH。称取 24 g NaOH 溶于蒸馏水并定容至 100 mL。

3. 材料

植物材料或淀粉。

四、实验内容及步骤

1. 葡萄糖标准曲线的制作

取 6 支干净试管，按表 1 进行配制。将各管溶液混合均匀，在沸水中加热 5 min，取出后用自来水冷却至室温后，将各管分别加入 9 mL 蒸馏水，以 A_{540} 为纵坐标，葡萄糖浓度（mg/mL）为横坐标，绘制标准曲线。

表 1 葡萄糖标准曲线的制作

管号	0	1	2	3	4	5
葡萄糖标准液/mL	0	0.2	0.4	0.6	0.8	1.0
蒸馏水/mL	1.0	0.8	0.6	0.4	0.2	0
DNS 试剂/mL	2.0	2.0	2.0	2.0	2.0	2.0

2. 样品中还原糖的提取

称取 1.0 g 植物样品，在研钵中研磨成匀浆，转入锥形瓶中，并用 25～30 mL 蒸馏水冲洗研钵 2～3 次，洗液也转入锥形瓶中，于 50℃ 恒温水浴中保温 30 min，不时搅拌，使还原糖充分提取。将提取液转移到离心管中，4000 r/min 离心 10 min；将上清液转入 50 mL 容量瓶中；沉淀用 10 mL 蒸馏水悬浮，再离心。合并两次离心的上清液，并定容至刻度，即为还原糖提取液。取 1 mL 提取液测定还原糖的含量。

3. 样品中总糖的提取

称取 1.0 g 植物样品，在研钵中研磨成匀浆，转入锥形瓶中，并用 10 mL 蒸馏水冲洗研钵 2～3 次，洗液也转入锥形瓶中。加入 10 mL 6 mol/L HCl，搅拌均匀后在沸水浴中水解 30 min。取出 1～2 滴置于白瓷板上，加 1 滴 I_2-KI 溶液检查淀粉水解是否完全（不变色表示水解完全）。水解完毕，冷却至室温后加入 1 滴酚酞指示剂，以 6 mol/L 的 NaOH 溶液中和至溶液呈中性（微红色）。将溶液转移至 100 mL 容量瓶中，用蒸馏水洗净锥形瓶，洗液一并转入容量瓶中，并定容到 100 mL。过滤，取一定体积的滤液于 100 mL 容量瓶中，定容至刻度，混匀，即为稀释一定倍数（n）的总糖水解液。取 1 mL 提取液测定总糖的含量。

4. 样品中含糖量的测定

取 3 支干净试管，按表 2 进行配制。将各管溶液混合均匀，在沸水中加热 5 min，取出后用自来水冷却至室温后，将 3 支试管分别加入 9 mL 蒸馏水。测定后，根据样品 540 nm 的吸光值，通过标准曲线计算出相应的含糖量。

表 2　样品中糖含量的测定

试管	空白	还原糖	总糖
样品溶液/mL	0	1.0	1.0
蒸馏水/mL	1.0	0	0
DNS 试剂/mL	2.0	2.0	2.0

5. 计算

按下式计算出样品中还原糖和总糖的含量：

$$w_{还原糖} = \frac{c \times V_1}{m \times 1000} \times 100\%$$

$$w_{总糖} = \frac{c \times V_2}{m \times 1000} \times n \times 0.9 \times 100\%$$

式中，c 为通过标准曲线计算出的葡萄糖浓度（mg/mL）；V_1 为还原糖提取液的总体积（mL）；V_2 为总糖提取液的总体积（mL）；m 为样品质量（g）；1000 为样品质量由克换算成毫克的系数；n 为总糖提取液的稀释倍数；0.9 为总糖水解成单糖的系数。

五、实验结果及分析

试比较样品中还原糖和总糖的含量。

六、注 意 事 项

1）提取总糖时一定要检查淀粉水解是否彻底。

2）淀粉彻底水解后一定要用氢氧化钠中和溶液至弱碱性。

七、思 考 题

1）叙述 DNS 法测定样品中还原糖和总糖的实验原理。

2）配制 DNS 试剂时需要加入结晶酚和亚硫酸钠，它们有什么作用？

3）提取样品的总糖时，为什么要用浓 HCl 处理？然后为什么又用 NaOH 中和？

实验六　温度、pH、激活剂和抑制剂对酶活力的影响

一、实　验　目　的

了解温度、pH、激活剂和抑制剂对酶活力的影响；加深对淀粉酶的认识，学习测定淀粉酶的最适温度、最适 pH。

二、实　验　原　理

酶作为生物催化剂具有的特性：①专一性；②高效性；③易失活；④可调控性。

1. 温度对酶活力的影响

一方面温度升高，分子运动加速，酶促反应速率加快。一般来说温度每升高 10℃，反应速率加快 1～2 倍。达最大反应速率时的温度称为酶的最适温度。另一方面酶是蛋白质，温度过高可使之变性失活，因此酶促反应速率达最大值后，随着温度的升高反应速率反而下降以至完全停止。通常，大多数动物酶的最适温度为 37～40℃，植物酶的最适温度在 50～60℃，但最适温度并非完全固定。

最适温度不是酶的特征性常数，它与底物种类、pH、离子强度和作用时间有关。

2. pH 对酶活力的影响

通常各种酶只有在一定的 pH 范围内才表现出它的活力。一种酶表现出最高活力时的 pH 称为该酶的最适 pH。低于或高于最适 pH 时，酶的活力逐渐降低。不同的酶最适 pH 也不同，如胃蛋白酶的最适 pH 为 1.5～2.5，胰蛋白酶的最适 pH 为 8。酶的最适 pH 受底物性质和缓冲液性质的影响，如唾液淀粉酶的最适 pH 为 6.8，而在磷酸缓冲液中其最适 pH 为 6.4～6.6，在乙酸缓冲液中则为 5.6。

3. 激活剂和抑制剂对酶活力的影响

酶的活力常受某些物质的影响。凡能使酶的活力增加的物质称为酶的激活剂；凡能使酶的活力降低的物质称为酶的抑制剂。抑制剂与酶的必需基团共价或非共价结合，从而导致酶的活力降低甚至失活。例如，Cl^- 为淀粉酶的激活剂，Cu^{2+} 为

其抑制剂。激活剂与抑制剂不是绝对的，有些物质在低浓度时为某种酶的激活剂，在高浓度时却为该酶的抑制剂；因此做酶学实验所用的一切器皿必须洁净，以除去激活或抑制酶活力的杂质。

淀粉酶（amylase）可催化淀粉逐步水解成分子大小不同的糊精、麦芽糖和葡萄糖，直链淀粉遇碘呈蓝色，糊精按分子从大到小遇碘后呈现蓝紫色、暗褐色和红色，麦芽糖、葡萄糖遇碘呈现碘试剂本身的颜色。淀粉酶的活力不同，则淀粉被水解的程度不同，故可由酶促反应混合物遇碘后呈现的颜色来判定淀粉被水解的程度从而判断酶活力的强弱。

三、仪器、试剂与材料

1. 仪器

恒温水浴锅、白瓷板、试管及试管架、吸量管（1 mL、2 mL、5 mL）、烧杯（100 mL）等。

2. 试剂

1）I_2-KI 溶液。将 20 g 碘化钾、10 g 碘溶于蒸馏水，定容至 100 mL。用前再稀释 10 倍。

2）0.2 mol/L Na_2HPO_4 溶液。取 35.61 g $Na_2HPO_4 \cdot 2H_2O$ 溶于蒸馏水中，定容至 1000 mL。

3）0.2 mol/L NaH_2PO_4 溶液。取 31.206 g $NaH_2PO_4 \cdot 2H_2O$ 溶于蒸馏水中，定容至 1000 mL。

临用时则按表 1 配制 4 种 pH 磷酸缓冲液。

表 1　4 种 pH 磷酸缓冲液的配方

pH	0.2 mol/L Na_2HPO_4/mL	0.2 mol/L NaH_2PO_4/mL
5.8	8.0	92.0
6.6	37.5	62.5
7.2	72.0	28.0
8.0	94.7	5.3

4）本尼迪克特试剂（Benedict reagent）。取 173 g 柠檬酸钠、100 g 碳酸钠（$Na_2CO_3 \cdot H_2O$）加入 600 mL 蒸馏水中，加热使其溶解，冷却，稀释至 850 mL。另取 17.3 g 硫酸铜溶解于 100 mL 热蒸馏水中，冷却，稀释至 150 mL。最后，将硫酸铜溶液徐徐地加入柠檬酸钠-碳酸钠溶液中，边加边搅拌，混匀，如有沉淀，过滤后贮于试剂瓶中可长期使用。

5）0.2%（m/V）淀粉、0.5%（m/V）淀粉。

6）0.2%（m/V）蔗糖。

7）稀释唾液：先用蒸馏水漱口；半张口让唾液自然流下，再加入适量的蒸馏水。

8）1%（m/V）氯化钠、1%（m/V）硫酸铜、1%（m/V）硫酸钠。

四、实验内容及步骤

1. 酶的专一性

取干净试管 4 只，按表 2 加入试剂。

将各管在 37℃恒温反应 10 min，分别取 1 滴反应液 +1 滴碘试剂，观察现象 1，并解释现象 1。

将各管加入本尼迪克特试剂 0.2 mL，并将各管放在沸水浴中 5 min；取出，冷却后观察现象 2，解释现象 22。

表 2　淀粉酶的专一性测定

管号	1	2	3	4
分别加入试剂	0.2%淀粉 2.0 mL 蒸馏水 1 mL	0.2%淀粉 2.0 mL 稀释唾液 1 mL	0.2%蔗糖 2.0 mL 蒸馏水 1 mL	0.2%蔗糖 2.0 mL 稀释唾液 1 mL

2. 温度对唾液淀粉酶酶活力的影响

（1）反应基准时间的测定

取 1 支试管加入 2 mL 0.5 %（m/V）淀粉，置于 37℃恒温水浴中；再加入稀释唾液 1.0 mL，摇匀，继续在 37℃水浴中保温。每隔 20 秒取 1 滴反应液到白瓷板上，用碘试剂检查，观察颜色的变化（白瓷板依次出现蓝、紫、暗褐、橙黄色）。直至遇碘不变色时，记录保温时间 t，此时间即为基准反应时间。

（2）最适温度的测定

取 5 支干净的试管，按表 3 加入试剂。

向各试管中加碘试剂 1 滴，混匀，比较各管内溶液的颜色。根据各管颜色变化可得出温度对唾液淀粉酶酶活力的影响，并确定最适温度。

3. pH 对唾液淀粉酶酶活力的影响

取 4 支干净试管，按表 4 加入试剂。

根据各管颜色变化可得出 pH 对唾液淀粉酶酶活力的影响，并确定最适 pH。

表 3　淀粉酶的最适温度测定

管号	1	2	3	4	5
0.5%（m/V）淀粉/mL	2.0	2.0	2.0	2.0	2.0
温度预处理/℃	37	0	100	0	100
稀释唾液/mL	1.0	1.0	1.0	1.0	1.0
温度处理	37℃保温 t 分钟	0℃保温 t 分钟	100℃保温 t 分钟	0℃时 5 min，再 37℃时 t 分钟	100℃时 5 min，再 37℃时 t 分钟

表 4　淀粉酶的最适 pH 测定

管号	1（pH 5.8）	2（pH 6.6）	3（pH 7.2）	4（pH 8.0）
Na_2HPO_4- NaH_2PO_4 缓冲液/mL	3	3	3	3
0.5%（m/V）淀粉/mL	2	2	2	2
稀释唾液/mL	1	1	1	1

4. 激活剂和抑制剂对唾液淀粉酶酶活力的影响

取 4 支试管，按表 5 加入试剂。

摇匀，同时置于 37℃水浴保温；每隔 30 s 分别取 1 滴反应液滴在白瓷板上，加 1 滴碘试剂，混匀后观察颜色变化，哪支试管内溶液最先遇碘不变色，哪一管次之，记录时间，并说明原因。

表 5　激活剂和抑制剂对淀粉酶酶活力的影响

管号	1	2	3	4
分别加试剂	1%氯化钠 1 mL	1%硫酸钠 1 mL	蒸馏水 1 mL	1%硫酸铜 1 mL
0.5%（m/V）淀粉/mL	2	2	2	2
稀释唾液/mL	1	1	1	1

五、实验结果及分析

根据所学知识解释实验现象，并判断在实验条件下唾液淀粉酶的最适温度、最适 pH 及激活剂和抑制剂对酶活力的影响。

六、注　意　事　项

如果激活剂和抑制剂作用不明显，主要原因可能是唾液淀粉酶酶活力不高，可适当降低唾液的稀释倍数或延长反应时间。

七、思　考　题

为什么酶会有一个最适温度？酶的最适温度与哪些因素有关？

实验七　种子萌发前后淀粉酶酶活力的比较

一、实 验 目 的

掌握测定淀粉酶酶活力的方法，比较水稻或小麦种子萌发前后淀粉酶酶活力的大小。

二、实 验 原 理

淀粉酶是水解淀粉α（1→4）糖苷键的一类酶的总称。实验证明，在某些植物的干种子中只含有β-淀粉酶，α-淀粉酶是在发芽过程中形成的，所以在禾谷类萌发的种子和幼苗中，这两类淀粉酶都存在，其活力随萌发时间的延长而增高。α-淀粉酶能随机水解淀粉分子内部的α-1,4-糖苷键，生成的产物有葡萄糖、麦芽糖、极限糊精、低聚糖等；但α-淀粉酶不耐酸，在 pH 3.6 以下迅速钝化。β-淀粉酶能以二糖为单位从底物的非还原性末端水解α-1,4-糖苷键，因此主要产物是麦芽糖；而β-淀粉酶不耐热，70℃时 15 min 后钝化。

酶活力（enzyme activity）是指酶催化某一化学反应的能力，其大小可用一定条件下所催化的某一反应的反应速率来表示；而酶促反应速率可用单位时间内产物浓度的增加量或底物浓度的减少量来表示。酶活力单位（IU）定义为在特定条件下（最适温度、最适 pH 和底物浓度）每分钟（min）催化 1 μmol 底物转化或生成 1 μmol 产物所需要的酶量。

本实验以淀粉酶催化淀粉生成还原性糖的速率来测定酶活力，而还原性糖的含量可用 DNS 法测定（见实验五），再根据酶活力单位的定义计算酶活力。

三、仪器、试剂与材料

1. 仪器

分光光度计、离心机、恒温水浴锅、试管及试管架、离心管、研钵、石英砂等。

2. 试剂

1）1 mg/mL 葡萄糖标准液。称取 0.1 g $C_6H_{12}O_6 \cdot H_2O$ 用蒸馏水溶解，定容至

100 mL。

　　2）0.2%（m/V）淀粉。

　　3）1%（m/V）3,5-二硝基水杨酸，参考实验五。

　　4）1%（m/V）NaCl。

　　5）0.2 mol/L 磷酸缓冲液（pH 6.6），参考实验六。

3. 材料

　　水稻或小麦种子。

四、实验内容及步骤

1. 萌发水稻或小麦种子

　　将水稻或小麦种子置于水中充分吸胀，在28℃萌发3～4天。

2. 淀粉酶的提取

　　分别取50粒干种子或者萌发3～4天的种子（幼苗），加3 mL 1%（m/V）NaCl和少许石英砂，在冰浴中研磨成匀浆，将匀浆液转入离心管中，再用1%（m/V）NaCl 洗涤研钵，洗液一并转入离心管中，4 ℃下4000 r/min 离心15 min。用量筒量取上清液即淀粉酶粗提取液的总体积（V_1）。

　　取适量的粗酶提取液，用磷酸缓冲液（pH 6.6）稀释至适当的倍数，即为待测酶液。

3. 制作标准曲线

　　取7支干净的具塞刻度试管，按表1加入试剂。

表 1　葡萄糖标准曲线的制作

管号	0	1	2	3	4	5	6
葡萄糖标准液/mL	0	0.2	0.4	0.8	1.2	1.6	2.0
蒸馏水/mL	2.0	1.8	1.6	1.2	0.8	0.4	0
3,5-二硝基水杨酸/mL	2.0	2.0	2.0	2.0	2.0	2.0	2.0

　　摇匀，置沸水浴中煮沸5 min；取出试管冷却至室温。从每支试管中取出1 mL反应液，分别加5 mL蒸馏水，混匀。以0号管作为对照，测定各管的A_{540}。以A_{540}对葡萄糖浓度（mg/mL）绘制标准曲线。

4. 淀粉酶酶活力的测定

按表 2 加入试剂，淀粉加入后预热 5 min。

表 2 DNS 法测淀粉酶的活力

管号	0 号管	干种子酶提取液	萌发后种子酶提取液
0.2% 淀粉/mL	1	1	1
蒸馏水/mL	1	0	0
稀释至适当浓度的酶液 V_2/mL	0	1	1

混匀各管，42℃恒温水浴 3 min。然后向各管中加入 2 mL 1%（m/V）3,5-二硝基水杨酸，摇匀，置沸水浴中煮沸 5 min；取出试管冷却至室温。从每支试管中取出 1 mL 反应液，加 5 mL 蒸馏水，混匀；以 0 号管作为空白调零，测定各管的 A_{540} 值；通过标准曲线计算出葡萄糖浓度。因此，

$$总酶活力 = \frac{c \times V \times \dfrac{1000}{198.17} \times n \times V_1}{V_2 \times t}$$

式中，c 为根据标准曲线计算出对应的麦芽糖浓度（mg/mL）；V 为体系中反应液的总体积（2 mL）；1000/198.17 为毫克换算成微摩尔；n 为酶液的稀释倍数；V_1 为粗酶提取液的总体积（mL）；V_2 为测量时所取稀释酶液的体积，此处为 1 mL；t 为反应时间（min）。（设 42 ℃、pH 6.6 时，每分钟催化淀粉水解生成 1 μmol 葡萄糖所需要的酶量为 1 个活力单位 IU）

五、实验结果及分析

根据实验结果，比较种子萌发前后淀粉酶的活力。

六、注 意 事 项

酶液的提取应在低温下进行，避免酶失活。

七、思 考 题

1）种子萌发过程中淀粉酶酶活力升高的原因是什么？

2）若要测定萌发后的种子中α-淀粉酶的酶活力，应该怎么设计实验？

实验八 过氧化氢酶米氏常数的测定

一、实 验 目 的

掌握测定过氧化氢酶（catalase，CAT）酶活力的原理和方法；了解米氏常数（Michaelis constant，K_m）的意义，掌握双倒数法测定 K_m 的原理和方法；测定 CAT 的 K_m。

二、实 验 原 理

根据中间络合物学说，可以推导出反应速率与底物浓度之间相互关系的米氏方程：

$$v = \frac{V_{max}[S]}{K_m + [S]}$$

式中，$[S]$ 为底物浓度；v 为反应速度；V_{max} 为最大反应速率；K_m 为米氏常数。

K_m 等于反应速率达最大速率一半时的底物浓度，K_m 的单位就是浓度单位（mol/L 或 mmol/L）。

K_m 是酶的特征性常数，测定 K_m 和 V_{max} 是酶学工作的基本内容之一。当一种酶能够作用于几种不同的底物时，K_m 可以反映出酶与各种底物的亲和力强弱；K_m 越小，说明酶与底物的亲和力越强，K_m 最小的底物就是酶的最适底物。大多数酶的 K_m 一般为 0.01～100 mmol/L。

一般通过作图法测定 K_m 和 V_{max}。作图方法很多，其共同特点是先将米氏方程变换成直线方程，然后作图。最常用的是双倒数作图法（Lineweaver-Burk plot）：

$$\frac{1}{v} = \frac{K_m}{V_{max}} \times \frac{1}{[S]} + \frac{1}{V_{max}}$$

然后以 $1/v$ 对 $1/[S]$ 作图，得到一条直线。这条直线在横轴上的截距为 $-1/K_m$，在纵轴上的截距为 $1/V_{max}$（图1）。由此即可求得 K_m 和 V_{max}。

向反应体系中加入一定量的 H_2O_2，作为不同的底物浓度$[S]$；CAT 催化 H_2O_2 分解生成 H_2O 和 O_2，然后用 $KMnO_4$ 滴定剩余的 H_2O_2：

$$2\ KMnO_4 + 5\ H_2O_2 + 3\ H_2SO_4 \rightarrow 2\ MnSO_4 + K_2SO_4 + 5\ O_2\uparrow + 8\ H_2O$$

$v =$ 一定时间内反应掉的 H_2O_2 的量 $=$ 加入的 H_2O_2 的量 $-$ 剩余的 H_2O_2 的量

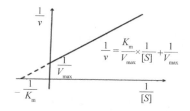

图 1　双倒数作图法

根据底物浓度和反应速率，采用双倒数作图法即可求得酶的 K_m。

三、仪器、试剂与材料

1. 仪器

分析天平（0.1 mg）、酸式滴定管（棕色，50 mL）、锥形瓶（100 mL，500 mL）、吸量管（10 mL、25 mL）等。

2. 试剂

1）0.2 mol/L 磷酸缓冲液（pH 7.0）。

2）25%（V/V）H_2SO_4。

3）0.02 mol/L $KMnO_4$ 溶液。称取 3.2～3.4 g $KMnO_4$，加 1000 mL 蒸馏水，煮沸 15 min，2 天后过滤，贮存于棕色瓶中。

4）0.004 mol/L $KMnO_4$ 溶液。精确称取 0.1500 g（m）于 105～110℃ 干燥至恒重的草酸钠（$Na_2C_2O_4$），加 250 mL 新煮沸后放冷的蒸馏水和 10 mL 浓 H_2SO_4，置于 75℃水浴中；用 0.02 mol/L $KMnO_4$ 滴定至微红色在 30 s 内不褪色即为滴定终点。根据消耗的 $KMnO_4$ 体积（V_1）计算出它的准确浓度，再稀释至 0.004 mol/L 即可。

$$5\ Na_2C_2O_4 + 2\ KMnO_4 + 8\ H_2SO_4 = 2\ MnSO_4 + K_2SO_4 + 8\ H_2O + 5\ Na_2SO_4 + 10\ CO_2\uparrow$$

$KMnO_4$ 的实际浓度：$C_{KMnO_4} = (2 \times m \times 1000) / (5 \times 133.9985 \times V_1)$

5）0.08 mol/L H_2O_2 溶液。取 32 mL 30%（V/V）的 H_2O_2，用蒸馏水定容至 1000 mL。临用前稀释 4 倍，取 2 mL 稀释后的 H_2O_2，加 2 mL 25%（V/V）H_2SO_4，用 0.004 mol/L $KMnO_4$ 滴定至微红色即为滴定终点。根据消耗的 $KMnO_4$ 体积（V_2）计算稀释后的 H_2O_2 实际浓度：

$$C_{H_2O_2} = 5 \times C_{KMnO_4} \times V_2/4$$

3. 材料

马铃薯。

四、实验内容及步骤

1. CAT 的提取

称取 5 g 马铃薯，加入 10 mL 磷酸缓冲液（pH 7.0），研磨成匀浆后过滤，即得 CAT 提取液。

酶促反应速率的测定：取 6 只干燥、洁净的锥形瓶，按表 1 操作。

表 1　反应速率的测定

管号	1	2	3	4	5	6
H_2O_2 溶液/mL	0.5	1.0	1.5	2.0	2.5	3.0
蒸馏水/mL	3.0	2.5	2.0	1.5	1.0	0.5
CAT 提取液/mL	0.5	0.5	0.5	0.5	0.5	0.5

在室温下（或 25 ℃水浴中）混匀，并计时；各瓶准确反应 5 min 后，立即加入 2 mL 25%(V/V)H_2SO_4 以终止酶促反应（边加边摇）。最后用 0.004 mol/L $KMnO_4$ 滴定剩余的 H_2O_2 至微红色，记录各瓶消耗的 $KMnO_4$ 体积（V）。

五、实验结果及分析

根据实验结果填写表 2。

表 2　过氧化氢酶的 K_m 测定结果

操作步骤	管号					
	1	2	3	4	5	6
① 加入的 H_2O_2 体积/mL						
② 加入的 H_2O_2 /mmol= ① × $C_{H_2O_2}$						
③ $[S]$ = ② ÷ 4						
④ 1/$[S]$ = 1 ÷ ③						
⑤ 消耗的 $KMnO_4$ 体积 V/mL						
⑥ 剩余的 H_2O_2 /mmol = 2.5 × 0.004 × ⑤						
⑦ v = [② − ⑥] ÷（4 × 5）						
⑧ 1/v = 1 ÷ ⑦						

以 1/v 为纵坐标，1/$[S]$ 为横坐标用 Excel 画出双倒数图，得到双倒数方程。根据双倒数方程求出 CAT 的 K_m 和 V_{max}。

六、注　意　事　项

1）KMnO$_4$溶液在加热及放置时，均应盖上表面皿。

2）在滴定过程中如果发现棕色混浊，可能是酸度不足引起的，应补加浓 H$_2$SO$_4$。

3）标定 KMnO$_4$溶液时，加热可使反应加快，但过热会引起 Na$_2$C$_2$O$_4$分解，适宜的温度为 70～80℃。到滴定终点时溶液的温度应不低于 60℃。

4）滴定开始时反应速度很慢，滴入一滴 KMnO$_4$溶液后摇动，待溶液褪色，由于反应生成的 Mn^{2+}起催化作用，可使反应速度加快，滴定速度也可加快；但也不能过快，临近终点时更应小心地缓慢滴入。

七、思　考　题

为什么要用双倒数作图法而不是直接用米氏曲线来求米氏常数？

实验九　微生物培养基的制备及灭菌

一、实　验　目　的

掌握培养基配制的原理；通过对牛肉膏蛋白胨琼脂培养基、高氏 1 号培养基、马铃薯葡萄糖琼脂（potato dextrose agar，PDA）培养基的配制，掌握配制培养基的一般方法和步骤，为获得微生物培养技术奠定基础；了解高压蒸汽灭菌的基本原理及操作方法，为获得无菌操作技术奠定基础。

二、实　验　原　理

培养基是人工配制的适合微生物生长繁殖或积累代谢产物的营养基质，一般包括碳源、氮源、能源、无机盐、生长因子和水等六类营养要素。根据物理状态可将培养基分为固体培养基（琼脂含量 1.5%～2%）、半固体培养基（琼脂含量 0.2%～0.7%）和液体培养（不含琼脂）。人工配制好的培养基需及时进行灭菌处理，杀死其中的微生物，防止其消耗和破坏培养基的营养成分。

牛肉膏蛋白胨琼脂培养基是一种用于培养细菌的天然培养基，其中的牛肉膏为微生物提供碳源、磷酸盐和维生素，蛋白胨主要提供氮源和维生素，NaCl 提供无机盐。高氏 1 号培养基是用来培养放线菌和观察其形态特征的合成培养基，如果加入适量的抗菌物质，则可用来分离各种放线菌；该培养基含有多种化学成分已知的无机盐，为防止这些无机盐相互作用产生沉淀，在配置培养基时需按配方的顺序依次溶解各成分或多种成分分别灭菌，使用时再按比例混合。马铃薯葡萄糖琼脂培养基是一种用来分离真菌的半合成培养基。

灭菌（sterilization）是指杀死包括芽胞在内的所有微生物。高压蒸汽灭菌是将待灭菌的物品放入一个密闭的高压灭菌锅内，通过加热，产生水蒸气，当灭菌锅内压力增加时，沸点升高，温度高于 100℃，导致菌体蛋白质凝固变性而达到灭菌的目的。

三、仪器、试剂与材料

1. 仪器

天平、高压灭菌锅、pH 计、试管、三角瓶、烧杯、量筒、玻璃棒、玻璃漏斗、石棉网、pH 试纸、棉花、牛皮纸、记号笔、线绳、纱布和牛角匙等。

2. 试剂

牛肉膏、蛋白胨、琼脂、可溶性淀粉、葡萄糖（或蔗糖）、链霉素、1 mol/L NaOH、1 mol/L HCl、$K_2HPO_4 \cdot 3H_2O$、$MgSO_4 \cdot 7H_2O$、$FeSO_4 \cdot 7H_2O$ 等。

四、实验内容及步骤

1. 牛肉膏蛋白胨琼脂培养基的配制

配方：3 g 牛肉膏，10 g 蛋白胨，5 g NaCl，15～20 g 琼脂，1000 mL 水，pH 7.4～7.6。

（1）称量

根据所需培养基的体积，依配方按比例计算各成分用量，称取各种药品放入大烧杯中。将牛肉膏放在小烧杯或者表面皿中称量，热水溶解后倒入大烧杯中备用。蛋白胨极易吸潮，故称量时要迅速。

（2）加热溶解

往烧杯中加入少于所需要的水量，然后放在石棉网上，小火加热，并用玻璃棒搅拌，待药品完全溶解后再补充水分至所需量。若配制固体培养基，则将称好的琼脂放入已溶解的药品中，再加热融化，在此过程中，需不断搅拌，以防琼脂变糊或从烧杯中溢出，最后补足所失的水分。

（3）调节 pH

用 pH 试纸检测培养基的 pH，当培养基偏酸时，可滴加 1 mol/L NaOH，边加边搅拌，并随时用 pH 试纸检测，直至达到所需 pH 范围。当培养基偏碱时，则用 1 mol/L HCl 进行调节。通常在加琼脂之前调节 pH，避免 pH 调过头，导致回调而影响培养基内各离子的浓度。

（4）过滤

液体培养基用滤纸过滤，固体培养基用 4 层纱布趁热过滤，以便观察。如果供一般使用的培养基，此步骤可省略。

（5）分装

依据实验需求，可将配制的培养基分装入试管或三角瓶内；为避免培养基粘在管口或瓶口造成污染，常用三角漏斗分装；固体培养基分装量约为试管高度的1/5，灭菌后制成斜面。分装入三角瓶内的培养基以不超过其容积的一半为宜，用于摇瓶培养的液体培养基，一般在 250 mL 三角瓶中装入 50 mL。半固体培养基分装量以试管高度的 1/4 为宜，灭菌后垂直待凝。

（6）加塞

常用普通棉花（非脱脂棉）制作试管口和三角瓶口棉塞，棉塞的形状、大小和松紧度合适，四周紧贴管壁，不留缝隙，防止杂菌侵入，并有利于透气。要求棉塞总长的 3/5 在试管口或瓶口内，以防棉塞脱落。如果没有棉塞则可用试管帽或硅胶塞代替。

（7）包扎

加塞后，将三角瓶的棉塞外包一层牛皮纸或双层报纸，以防灭菌时冷凝水沾湿棉塞。若培养基分装在试管中，则应先把试管扎成捆后，再于棉塞外包一层牛皮纸，然后用记号笔注明培养基名称、组别、日期。

（8）灭菌

将配制好的培养基于 121℃湿热灭菌 20 min。因特殊情况没能及时灭菌，则应将配制好的培养基放入冰箱内暂时保存。

（9）摆斜面或制作平板

培养基灭菌后，紧接着制作斜面或平板。制作斜面时，趁热将试管口端搁在一根长木条上，并调整斜度，使斜面长度不超过试管总长的一半；待灭菌的培养基冷却到 55～60℃时，以无菌操作将培养基倒入无菌培养皿中。倒平板时，注意培养基的温度不宜过高，否则培养皿盖上易形成太多冷凝水，培养基温度也不能太低，当低于 50℃时，培养基会凝固而无法制作平板。

（10）无菌检查

将灭菌的培养基放入 37℃温箱中培养 24～48 h，无菌生长时方可使用。

2. 高氏 1 号培养基的配制

配方：20 g 可溶性淀粉，1 g KNO_3，0.5 g NaCl，0.5 g $K_2HPO_4 \cdot 3H_2O$，0.5 g $MgSO_4 \cdot 7H_2O$，0.01 g $FeSO_4 \cdot 7H_2O$，15～20 g 琼脂，1000 mL 水，pH 7.2～7.4。

（1）称量和溶解

经计算后称量，按用量先称取可溶性淀粉，放入小烧杯中，并用少量冷水将其调成糊状，再加入少于所需水量的沸水中，继续加热，边加热边搅拌，直至完全溶解；再依次加入其他成分充分溶解。对微量成分 $FeSO_4 \cdot 7H_2O$ 可先配成高浓度的贮备液后再加入，方法是先在 100 mL 水中加入 1 g $FeSO_4 \cdot 7H_2O$，配成浓度为 0.01 g/mL 的贮备液，再在 1000 mL 培养基中加入以上贮备液 1 mL 即可。待所有药品完全溶解后，补充水分到所需的总体积。配制固体培养基时，琼脂的溶解过程与该过程相同。

（2）pH 调节、分装、包扎、灭菌及无菌检查

操作步骤与牛肉膏蛋白胨琼脂培养基配制方法相同。

3. 马铃薯葡萄糖琼脂培养基的配制

配方：200 g 马铃薯，10 g 葡萄糖，15～20 g 琼脂，1000 mL 水，自然 pH。

（1）称量和溶解

马铃薯去皮，切成薄片后加水，文火煮沸 30 min（注意火力的控制，可适当补水），用纱布过滤；在滤液中加入葡萄糖和琼脂后加热融化，方法同牛肉膏蛋白胨琼脂培养基配制，补充水至所需的总体积。

（2）分装、包扎、灭菌及无菌检查

操作步骤与牛肉膏蛋白胨琼脂培养基配制方法相同。

（3）链霉素的加入

用于分离真菌的马铃薯葡萄糖琼脂培养基，需加入链霉素抑制细菌和放线菌。但是因为链霉素受热容易分解，所以使用时临时加链霉素。具体操作是将培养基融化后待温度降至 45℃，将链霉素先配成 1%（m/V）的溶液（配好的链霉素溶液保存于 –20℃），在 1000 mL 培养基中加 0.3 mL 1% 链霉素，使链霉素终浓度为 30 μg/mL。

4. 高压蒸汽灭菌法

高压蒸汽灭菌法适用于培养基、无菌水等物品的灭菌。

（1）加水

将高压锅的内层灭菌桶取出，再向外层锅内加水到水位线，或水面与三脚架相平为宜。灭菌锅加入去离子水或蒸馏水，以减少水垢在锅内积存。

（2）装料

将灭菌桶放回锅内，装入待灭菌的物品。注意装有培养基的容器放置时要防止液体溢出，瓶塞不要紧贴桶壁，以免冷凝水沾湿棉塞。

（3）加盖

将盖上与排气孔相连接的排气软管插入内层灭菌桶的排气槽内，摆正锅盖，对齐螺口，然后以同时旋紧相对的两个螺栓的方式拧紧所有螺栓，并打开排气阀。

（4）排气

待水煮沸后，水蒸气和空气一起从排气孔排出。当排出的气流很强并有嘘声时，表明锅内空气已排净（水沸后约 5 min）。

（5）升压

当锅内空气排净时，关闭排气阀，压力开始上升。本实验用 121℃灭菌 20 min。

（6）降压

达到所需灭菌时间后，关闭热源，让压力自然下降到零后，打开排气阀，放净余下的蒸汽后，再打开锅盖，取出灭菌物品，倒掉锅内剩水。

（7）无菌检查

操作步骤与牛肉膏蛋白胨琼脂培养基配制方法相同。

五、实验结果及分析

列出所配制的培养基的种类、数量、分装、包扎情况，检查有无杂菌污染；试管斜面的长度是否超过试管的 1/2，三角瓶内培养基是否超过容积的 1/2；培养皿盖上冷凝水是否过多，培养基内是否有沉淀产生。

根据培养基的成分来源、物理状态和用途分析所配制的培养基是什么培养基，主要培养什么类型的微生物。

六、注意事项

1）称药品用的牛角匙不要混用，称完药品应及时盖紧瓶盖。
2）调 pH 时要小心操作，避免回调。
3）取液量要准确，样品要稀释到合适浓度。

七、思 考 题

1）配制高氏 1 号培养基有哪几个步骤?在操作过程中应注意些什么问题？为什么？

2）培养基配制完成后，为什么必须立即灭菌?若不能及时灭菌应如何处理？如何进行无菌检查？

3）试设计实验对某种饮料进行无菌检查。

4）马铃薯葡萄糖琼脂培养基中加入链霉素的作用是什么？

实验十 革兰氏染色和芽胞染色

一、实验目的

掌握细菌涂片的方法；掌握细菌的革兰氏染色和芽胞染色的原理与方法。

二、实验原理

在显微镜下观察细菌时，由于细菌细胞个体小，通常以微米计，且无色透明，需要用染料对其进行染色，使其与背景形成鲜明对比，便于观察其形态和结构特征。

利用不同细菌细胞壁结构和化学组成的差异，革兰氏染色可将细菌分为革兰氏阳性菌（G^+）和革兰氏阴性菌（G^-）两种类型。革兰氏阳性菌细胞壁厚、肽聚糖含量高、交联紧密、脂质含量低，当进行乙醇脱色处理时，肽聚糖网孔收缩，能截留初染和媒染后形成的结晶紫-碘络合物，此时菌体保持蓝紫色；而革兰氏阴性菌由于细胞壁相对较薄、肽聚糖含量低、交联度低并含有脂质，进行乙醇脱色时，脂质溶解，交联度低的肽聚糖层不足以截留细胞壁中初染和媒染后形成的结晶紫-碘络合物，染料被洗脱出来，菌体变成无色，复染后呈现为复染剂颜色（红色）。

芽胞主要是芽胞杆菌和梭菌细菌生长到一定阶段形成的一种抗逆性很强的休眠体结构，通常为圆形或椭圆形。是否产芽胞及芽胞的形状、着生部位、芽胞囊是否膨大等特征是细菌分类的重要指标。与正常细胞相比，芽胞细胞壁厚，通透性低不易着色，但着色后又很难脱色，利用这一特点，通过着色能力强的染料在加热的条件下迫使染料进入芽胞内，水洗后菌体中的染料被洗脱，而芽胞中的染料被保留，再用对比大的复染剂染色后，菌体染上复染剂的颜色，这样将芽胞与菌体区分开来。

三、仪器、试剂与材料

1. 仪器

显微镜、擦镜纸、接种环、载玻片、吸水纸、试管、小滴管、酒精灯和烧杯等。

2. 试剂

1）革兰氏染色液：草酸铵结晶紫染液、卢戈氏碘液、95%（*V/V*）乙醇、番红染色液。

2）芽胞染色液：5%（*m/V*）孔雀绿水溶液、碱性复红染色液。

3. 材料

大肠杆菌（*Escherichia coli*）和金黄色葡萄球菌（*Staphylococcus aureus*）培养 24 h 的菌落平板，苏云金杆菌（*Bacillus thuringiensis*）培养 24 h 的斜面菌种。

四、实验内容及步骤

1. 革兰氏染色

（1）涂菌

按无菌操作要求，用接种环从平板中蘸取菌苔少许，并在洁净的载玻片上涂成薄而匀、直径约 1 cm 的菌膜。涂菌后将接种环在火焰上进行灼烧灭菌。

（2）干燥

将涂片置于室温下自然干燥，或置于火焰上部略加温加速干燥（温度不宜过高）。

（3）固定

将细菌涂面朝上，让涂片通过火焰 2～3 次，以热而不烫为宜，防止菌体烧焦、变形。固定是为了杀死细菌并使细菌黏附在载玻片上，便于染料着色，常用加热法固定。

（4）初染

于涂片上滴加草酸铵结晶紫染液覆盖涂菌部位，染色 1 min 后，用水洗去剩余染料。

（5）媒染

在涂菌部位滴加卢戈氏碘液，染色 1 min 后水洗。

（6）脱色

滴加 95%乙醇脱色，轻轻晃动载玻片至紫色不再脱色为止，根据涂片厚薄需20～30 s，立即水洗。

（7）复染

在涂片上滴加番红染色液冲去残水，再滴番红染色液染色 1 min，水洗。

（8）干燥镜检

用滤纸吸干，油镜镜检。

2. 芽胞染色

（1）方法一

1）取 37℃培养 18～24 h 的苏云金杆菌制作涂片，并干燥、固定。

2）于载玻片上滴 3～5 滴 5%孔雀绿溶液。

3）用试管夹夹住载玻片在火焰上用微火加热，自载玻片上出现蒸汽时开始计算时间，加热约 5 min。加热过程中切勿使染料蒸干，必要时可添加少许染料。

4）倾去染液，待载玻片冷却后，用自来水冲洗至孔雀绿不再褪色为止。

5）用碱性复红染色液染色涂面约 1 min，水洗。

6）制片干燥后用油镜观察，芽胞呈绿色，菌体红色。

（2）方法二

1）加 1～2 滴蒸馏水于小试管中，用接种环从斜面上挑取 2～3 环培养 18～24 h 的苏云金杆菌菌苔于试管中，并充分搅匀打散，制成浓稠的菌液。

2）加 5%孔雀绿溶液 2～3 滴于小试管中，用接种环搅拌使染料与菌液充分混合。

3）将此试管浸于沸水浴（烧杯）中，加热 15～20 min。

4）用接种环从试管底部挑数环菌液于洁净的载玻片上，并涂成薄膜，将涂片通过微火 3 次固定。

5）水洗，至流出的水中无孔雀绿颜色为止。

6）加 0.5%碱性复红染色液覆盖涂菌部位，染 2～3 min 后，倾去染液，不用水洗。

7）干燥后用油镜观察涂片，芽胞绿色，菌体红色。

五、实验结果及分析

结合油浸物镜下细菌形态进行结果观察和分析。

六、注 意 事 项

1）涂片务求均匀，切忌过厚。

2）在芽胞染色过程中，不可使染液干涸。

3）在革兰氏染色过程中脱色时间十分重要。过长，则脱色过度，会使阳性菌被染成阴性菌；过短，则脱色不够，使阴性细菌染成阳性。

4）老龄菌因体内核酸减少，细胞壁通透性增加，会使阳性菌被染成阴性菌，故不能选用。

5）供芽胞染色用的菌种应控制菌龄，使大部分芽胞仍保留在菌体上为宜。

七、思 考 题

1）涂片后为什么要进行固定，固定时应注意什么？

2）什么是革兰氏染色？染色过程应注意什么？

3）试分析革兰氏染色在细菌分类中的意义。

4）为什么芽胞染色要加热？为什么芽胞及营养体能染成不同的颜色？

实验十一　显微镜的使用和细菌形态的观察

一、实　验　目　的

掌握显微镜的使用方法，学会微生物显微观察技术；初步掌握微生物学绘图方法。

二、实　验　原　理

从载玻片标本中透过来的光线，因物质密度的不同，有些光线会因折射不能进入镜头，使射入光线减少，物像显像不清晰。为了使通过的光线不受损失，在使用油镜时，在油镜和载玻片间滴加与玻璃折射率相仿的镜油，起增加照明亮度的作用。

显微镜的分辨率是指显微镜能辨别两点之间的最小距离。可分辨距离越小，分辨率越高。物镜为 $100 \times$ 时，在载玻片上滴加镜油，提高了折射率，分辨距离值减小，从而达到提高分辨率的目的（图 1）。

$$最小分辨距离 = \lambda/2NA$$

$$NA = n\sin\theta$$

式中，λ 为可见光波长；NA 为物镜的数值孔径；n 为折射率；θ 为物镜与载玻片上物像的夹角的 1/2。

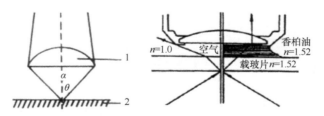

图 1　介质折射率对照明光路和分辨率的影响（沈萍和陈向东，2015）
n. 折射率；α. 折射角；θ. α/2；1. 物镜；2. 载玻片

三、仪器、试剂与材料

1. 仪器

显微镜、擦镜纸、染色装片等。

2. 试剂

乙醚和乙醇混合液（3∶7，*V*/*V*）、香柏油等。

3. 材料

大肠杆菌（*Escherichia coli*）涂片、金黄色葡萄球菌（*Staphylococcus aureus*）涂片和苏云金杆菌（*Bacillus thuringiensis*）涂片。

四、实验内容及步骤

1. 观察前的准备

（1）操作前准备

将显微镜置于平稳的实验台上，镜座距实验台边沿约 10 cm。首先熟悉显微镜的结构与性能，查看镜头是否干净，做好清洁工作。

（2）调节光源

将低倍物镜转到工作位置，把光圈完全打开，聚光器升至与载物台相距约 1 mm。调节光圈以调整光线强弱，直至视野内光线均匀明亮为止。观察染色装片时，光线宜强；观察未染色装片时，光线不宜太强。

（3）低倍镜观察

用粗准焦螺旋将载物台下降，将染色装片置于载物台上，用标本夹夹住，将要观察的位置移至低倍镜的物镜正下方，从侧面观察，转动粗准焦螺旋上升载物台，适当缩小光圈，然后两眼从目镜观察，转动粗准焦螺旋使镜台缓慢下降至发现物像时，改用细准焦螺旋调节到物像清楚为止。移动装片，把合适的观察部分移至视野中心。

（4）高倍镜观察

旋转转换器，将高倍镜转至正下方，注意避免镜头与玻片相撞，再用目镜观察，仔细调节光圈，使光线的明亮度适宜，用细准焦螺旋校正焦距使物像清晰为止。将最适宜观察部分移至视野中心。不要移动装片位置，准备用油镜观察。

（5）油镜观察

从侧面注视，旋转转换器，使高倍镜和油镜位于光源上方两侧，八字岔开，在玻片标本的镜检部位滴一滴香柏油，旋转转换器，使油镜转至正下方，浸在香柏油中，将光线调亮，从目镜观察，用细准焦螺旋校正焦距使物像清晰为止。

2. 细菌形态的观察

用油镜观察革兰氏染色的大肠杆菌和金黄色葡萄球菌。观察杆菌时，注意细胞的长度与直径，细胞两端的形态是钝圆或平截；观察球菌时，注意球菌的直径和细胞排列状况。绘制油镜观察的细菌形态图，并标明显微镜的放大倍数和革兰氏染色的结果。

五、实验结果及分析

1）观察芽胞染色的苏云金杆菌，注意芽胞和菌体的染色效果，芽胞的大小和在胞囊中着生的位置。在油镜下绘图，并标明芽胞和菌体的位置与染色结果。

2）参考相关文献，检查革兰氏染色实际结果与理论是否相符，如果不符合，分析操作过程中可能出现的失误。革兰氏染色应注意的关键步骤是什么？对于一株未知的细菌，怎样判断染色结果是否正确？

六、注 意 事 项

1）注意擦镜头时，只能用擦镜纸。

2）观察完毕，必须下降载物台，才能取下装片；放入另一装片后，要按使用油镜要求，重新操作，不能在油镜下直接取下和替换装片。

3）无菌操作过程中，接种环灭菌后不能触及其他物品，挑菌不能过多。

七、思 考 题

1）用明视野显微镜观察细菌的形态时，用染色装片好还是用非染色装片好？观察活体装片与染色装片，光线调节各有什么不同？

2）无菌操作过程中，能否将棉塞放在桌面上？为什么？

实验十二　放线菌、酵母菌和霉菌形态观察

一、实　验　目　的

了解放线菌、酵母菌和霉菌的培养方法，学会微生物培养技术；掌握放线菌、酵母菌和霉菌的制片技术、染色方法，以及形态特征的观察方法。

二、实　验　原　理

放线菌（actinomycete）是一类主要呈菌丝状生长和以孢子繁殖的陆生性较强的原核生物，其菌丝体由基内菌丝、气生菌丝和孢子丝组成。为了不破坏细胞及菌丝体形态，制片时不宜采取涂片法，常用插片法或玻璃纸法并结合菌丝体简单染色进行观察。

酵母菌（yeast）是单细胞真菌的通称，大多数采取出芽方式进行无性繁殖，由于酵母细胞个体是常见细菌的几倍甚至数十倍，为防止涂片损伤细胞，一般利用美蓝染色液水浸片法制作装片，用以观察酵母菌形态及出芽生殖方式。同时，由于美蓝对细胞无毒，其氧化型呈蓝色，还原型无色，而活酵母细胞有较强的还原能力，使进入细胞的氧化型美蓝由蓝色还原成无色的还原型美蓝，因而美蓝染色液水浸片还可以对酵母菌的死、活细胞进行鉴定。

霉菌（mould）是丝状真菌的通称，其菌丝体由基内菌丝、气生菌丝和繁殖菌丝组成；其菌丝比细菌细胞和放线菌粗几倍到几十倍，可以采取直接制片，用接种环或镊子挑取已培养好的霉菌培养物置于载玻片上，滴加乳酸石炭酸棉兰染色液，用大头针多次、轻柔分散菌丝，盖上盖玻片制成霉菌装片进行镜检。乳酸石炭酸棉兰染色液中的石炭酸可以杀死霉菌菌丝体和孢子，乳酸能保持菌体不变形，棉兰使菌体着色。

三、仪器、试剂与材料

1. 仪器

显微镜、接种环、镊子、载玻片、盖玻片、擦镜纸、大头针等。

2. 试剂

1）酵母菌染色液：吕氏碱性美蓝染色液。
2）霉菌染色液：乳酸石炭酸棉兰染色液。
3）50%（*V/V*）乙醇。

3. 材料

链霉菌（*Streptomyces* sp.）、酿酒酵母（*Saccharomyces cerevisiae*）、桔青霉（*Penicillum citrinum*）、米根霉（*Rhizopus oryzae*）和黑曲霉（*Aspergillus niger*）。

四、实验内容及步骤

1. 放线菌制片与观察

（1）插片法培养放线菌

按无菌操作要求，取链霉菌培养物在高氏 1 号培养基上密集划线接种，再用镊子取无菌载片以 45°角插到培养基平板上，将平板倒置，28℃培养 3～5 天。

（2）制片与镜检

用镊子小心取出插片法培养的放线菌盖玻片 1 张，将其背面附着的菌丝体擦净，然后将有菌的一面朝向载玻片，放在载玻片上，用低倍镜、高倍镜观察，找出 3 类菌丝及其分生孢子，并绘图。注意放线菌的基内菌丝、气生菌丝的粗细和色泽差异。

2. 霉菌制片与观察

（1）霉菌培养

按无菌操作要求，将霉菌点接在 PDA 培养基平板上，28 ℃培养 3～5 天。

（2）直接制片

滴一滴乳酸石炭酸棉兰染色液于载玻片上，用镊子取霉菌培养物少许，先于 50%乙醇中浸一下，洗去脱落的孢子，然后将培养物置于染液中，用大头针轻柔、反复地将菌丝分开，加盖玻片。

（3）霉菌观察

先用低倍镜观察菌体的各个部位，认识霉菌各部分结构，必要时用高倍镜观察，尤其注意观察产孢子的结构。观察根霉时，要注意观察假根、孢子囊梗、孢子囊、孢囊孢子和两个假根间的匍匐菌丝；观察曲霉时，要注意观察足细胞上分化出来的分生孢子梗、顶囊，以及其上的初生小梗、次生小梗和分生孢子；观察桔青霉时，要注意观察分生孢子梗上产生的分枝、次生小梗及分生孢子。观察以上这些结构时，注意调节焦距以看清各种构造，绘图并标明各部分名称。

3. 酵母菌的形态观察

酵母菌的活体染色观察及死亡率的测定。

1）用无菌水洗下 PDA 斜面培养的酿酒酵母菌苔，制成菌悬液。

2）取 0.05%美蓝染色液 1 滴，置载玻片中央，并用接种环取酵母菌悬液与染色液混匀，染色 2～3 min，加盖玻片，在高倍镜下观察酵母菌个体形态，区分其母细胞与芽体、死细胞（蓝色）与活细胞（不着色）。

3）在一个视野里计数死细胞和活细胞，共计数 5～6 个视野。

酵母菌死亡率一般用百分数来表示：

$$死亡率 = 死细胞总数 /（死细胞总数+活细胞总数）\times 100\%$$

五、实验结果及分析

1）绘图说明观察到的放线菌的形态。

2）绘图说明观察到的各种霉菌的典型形态特征，尤其注意标明孢子的种类及其着生方式。

3）绘图说明观察到的酵母菌各生长阶段的形态。

六、注 意 事 项

1）用于活化酵母菌的 PDA 培养基要新鲜、表面湿润；通过微加热增加酵母的死亡率，易于观察死亡细胞。

2）培养放线菌时要注意，放线菌的生长速度较慢，培养期较长，在操作中应特别注意无菌操作，严防杂菌污染。

3）玻璃纸法培养接种时注意玻璃纸与平板琼脂培养基间不宜有气泡，以免影响其表面放线菌的生长。

七、思 考 题

1）试比较细菌、放线菌、霉菌和酵母菌的菌落形态的差异？

2）在高倍镜或油镜下如何区分放线菌的基内菌丝和气生菌丝？

实验十三　微生物显微计数和大小测量

一、实　验　目　的

掌握使用血细胞计数板测定微生物数量、使用显微测微尺测量微生物大小的方法，学会测定微生物大小和微生物总菌数的技术；巩固显微镜的使用方法。

二、实　验　原　理

血细胞计数板（blood cell counting plate）由 4 条平行槽构成 3 个平台，中间的平台较窄，且又被一短槽隔成两半，每边平台面各有一个含 9 个大格的方格网，中间大格为计数室，计数室的边长为 1 mm，中间平台下陷 0.01 mm，故盖上盖玻片后计数室的总容积为 0.1 mm³。血细胞计数板的构造如图 1。常见血细胞计数板的计数室有两种规格，一种是 16 × 25 型，称为麦氏血细胞计数板，共有 16 个中格，每个中格分为 25 个小格；另一种是 25 × 16 型，称为希里格氏血细胞计数板，共有 25 个中格，每个中格又分成 16 个小格。不管哪种规格的血细胞计数板，其计数室均由 400 个小方格组成。应用血细胞计数板在显微镜下直接计算微生物细胞数量的方法是，先测定若干个中方格中的微生物细胞数，再换算成每毫升菌液（或每克样品）中微生物细胞数量。

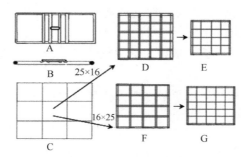

图 1　血细胞计数板（沈萍和陈向东，2015）

A. 平面图；B. 侧面图；C. 方格网；D, F. 放大后的计数室；E, G. 放大后的中格

显微镜测微尺（microscope micrometer）是由目镜测微尺（ocular micrometer）

和镜台测微尺（stage micrometer）组成。目镜测微尺是一块圆形玻璃片，其中有精确的等分刻度，在 5 mm 刻尺上分 50 等份（图 2B）。目镜测微尺每格实际代表的长度随所使用目镜和物镜的放大倍数而改变，因此在使用前必须用镜台测微尺进行标定。镜台测微尺为一块中央有精确等分线的特制载玻片（图 2A），一般将长为 1 mm 的直线等分为 100 个小格，每格长 0.01 mm，即 10 μm，是专用于校正目镜测微尺每格长度的。

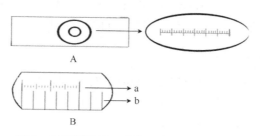

图 2　显微测微尺（沈萍和陈向东，2015）
A. 镜台测微尺；B. 某一放大倍数下视野中的镜台测微与目镜测微尺；a. 目镜测微尺；b. 镜台测微尺

$$目镜测微尺每格长度（\mu m）=\frac{两重合线内镜台测微尺格数×10}{两重合线内目镜测微尺格数}$$

例如，目镜测微尺 20 个小格等于镜台测微尺 3 个小格，已知镜台测微尺每格为 10 μm，则 3 小格的长度为 3 × 10 = 30 μm；那么，相应的在目镜测微尺上每小格的长度为 3 × 10 ÷ 20 = 1.5 μm。用以上计算方法分别校正低倍镜、高倍镜和油镜下目镜测微尺每格的实际长度。

三、仪器、试剂与材料

1. 仪器

显微镜、血细胞计数板、无菌试管、电吹风机、目镜测微尺、镜台测微尺、盖玻片、擦镜纸等。

2. 试剂

生理盐水、美蓝染色液（配制方法见附录 5）等。

3. 材料

酿酒酵母（*Saccharomyces cerevisiae*）。

四、实验内容及步骤

1. 酵母菌的显微计数

（1）菌悬液制备

将 5 mL 的生理盐水加到酿酒酵母的斜面培养物上，用接种环刮取菌苔，将菌悬液倒入盛有 5 mL 的生理盐水和玻璃珠的三角瓶中，振荡使细胞分散。

（2）检查血细胞计数板

先在低倍镜下寻找计数板大方格网的位置，转换高倍镜后，调节光亮度至计数室线条清晰为止，在显微镜下检查计数室，若有污物，用自来水冲洗，再用 95% 酒精棉球轻轻擦洗后，用电吹风机吹干。

（3）加样

在血细胞计数板上盖上盖玻片，用毛细滴管吸取摇匀的酿酒酵母菌悬液，在盖玻片边缘滴一小滴菌悬液，静置 5 min，待酵母菌细胞全部沉降到计数室底部。

（4）显微计数

将加有样品的细胞计数板置于载物台上，先用低倍镜观察计数室的位置，再换高倍镜进行计数，要求稀释度为每小格 5～10 个菌体为宜。计数时，如用 16×25 型计数板则按对角线方位，取左上、右上、左下和右下 4 个中格（4 个中格共 100 个小格）内的细胞逐一进行计数；如果使用规格为 25×16 型计数板，则除取左上、右上、左下和右下 4 个中格外，还需加中央的一个中格（5 个大格共 80 个小格）内的细胞。计数时当遇到中格线上的细胞时，一般只计此中格的上方和右方线上的细胞（或只计下方和左方线上的细胞），将计得的细胞数填入表中。对每个样品重复计数 3 次，取其平均值，按下列公式计算每毫升菌液中所含的酵母菌细胞数。

以 25 个中格的计数板为例：

$$1\ \text{mL菌液中的总菌数} = A/5 \times 25 \times 10^4 \times B$$

式中，A 为 5 个中格中的总菌数；B 为菌液的稀释倍数。

（5）清洗

先用自来水冲洗，再用 95% 酒精棉球擦洗，最后吹干放入盒中。

2. 酵母菌大小的测定

（1）目镜测微尺的标定

把目镜上的透镜旋开，将目镜测微尺轻轻放入目镜的隔板上，使有刻度的一面朝下，再旋紧目镜。将镜台测微尺放在显微镜的载物台上，使有刻度的一面朝上，先用低倍镜观察，调节焦距，待看清镜台测微尺的刻度后，转动目镜，使目镜测微尺的刻度与镜台测微尺的刻度相平行，并使两尺左边的一条线重合，再往右找到两尺相重合的另外一条直线。计算目镜测微尺每格的长度。

（2）菌体大小的测定

将镜台测微尺取下，换上酵母菌玻片标本，先在低倍镜和高倍镜下找到酵母菌细胞，然后在高倍镜下用目镜测微尺测量菌体的大小，先量出菌体的长和宽占目镜测微尺的格数，再以目镜测微尺每格的长度计算出菌体的长和宽。并详细记录于表中。

例如，目镜测微尺在这台显微镜下，每格相当于 1.5 μm，若菌体的平均长度相当于目镜测微尺的 2 格，则菌体长应为 2 × 1.5 μm = 3.0 μm。一般测量菌体的大小，应测定 10～20 个菌体，求其平均值，才能代表该菌的大小。

五、实验结果及分析

1. 计数板直接镜检计数的结果

菌液中的总菌数测定结果见表 1。

表 1　菌液中的总菌数测定结果

计算次数	各中格中细胞数					大格中细胞总数	稀释倍数	总菌数/（个/mL）
	左上	左下	右上	右下	中间			
第一次								
第二次								
第三次								
平均值								

2. 目镜测微尺标定的结果

低倍镜下_____倍目镜测微尺每格长度是_____

高倍镜下_____倍目镜测微尺每格长度为_____

3. 菌体大小测定结果

六、注 意 事 项

若计数是病原微生物，则需先浸泡在 5%（m/V）石炭酸溶液中进行消毒，然后再进行清洗。

七、思 考 题

1）血细胞计数板计算的误差主要来自哪些方面？应如何减小误差？
2）设计一个方案，测定市售酸奶或菌肥制品的单位含菌数。

实验十四　特殊显微镜的使用和显微摄影

一、实　验　目　的

掌握倒置显微镜、暗视野显微镜、相差显微镜及荧光显微镜的结构，工作原理和用途并规范使用；掌握特殊显微镜的显微摄影技术。

二、实　验　原　理

1. 倒置显微镜

倒置显微镜（inverted microscope）的主要结构和普通光学显微镜一样，只是物镜与光源位置颠倒，前者物镜在载物台之下，后者在载物台之上（图1）。倒置显微镜主要用于观察培养的活细胞，能对培养皿、培养瓶中的标本进行直接观察，包括对微生物、细胞、组织培养、悬浮体、沉淀物等的观察，还可连续观察细胞、细菌等在培养液中繁殖分裂的过程，并将此过程中的任一形态拍摄下来，已广泛应用于细胞学、微生物学、免疫学、遗传工程等许多领域。

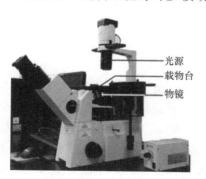

图 1　Olympus 倒置显微镜结构

2. 暗视野显微镜

暗视野显微镜（dark field microscope）是利用丁铎尔（Tyndall）光学效应的原理，在普通光学显微镜明场聚光器的结构基础上改造而成的。在光的传播过程中，光线照射到粒子时，如果粒子大于入射光波长很多倍，则发生光的反射；如果粒子小于入射光波长，则发生光的散射，这时观察到的是光波环绕微粒而向其四周放射的光，称为散射光或乳光。丁达尔效应就是光的散射现象。当一束光线透过黑暗的房间，从垂直于入射光的方向可以观察到空气里出现的一条光亮的灰尘"通路"，这种现象即丁达尔效应（Tyndall effect）。暗视野显微镜在普通的光学显微镜上换装暗视野聚光镜后，由于该聚光器内部抛物面结构的遮挡，照射在待检物体表面的光线不能直接进入物镜和目镜，仅散射光能通过，因而视野是黑暗的（图 2，杨汉民，2008）。当有物体时，物体的边缘是亮的，因为物体衍射回的光与散射光等在暗的背景中明亮可见，但是，由于照明光大部分被折回，物体（标本）所在的位置结构，厚度不同，光的散射性、折光率等都不同，故只有边缘轮廓清晰，能提高对微小物体的分辨能力，对大小在 0.004 μm 以上的微小粒子，尽管看不清楚其结构，但可清晰分辨其存在和运动。暗视野显微镜主要用于微小粒子、细菌形态计数，透明标本观察等。

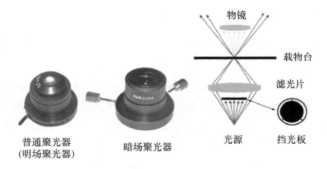

图 2　明场和暗场聚光器结构及暗场聚光器光路

3. 相差显微镜

相差显微镜（phase contrast microscope）是荷兰科学家 Zernike 于 1935 年发明的用于观察未染色标本的显微镜。活细胞和未染色的生物标本，因细胞各部细微结构的折射率和厚度的不同，光波通过时，波长和振幅并不发生变化，仅相位发生变化（x 相位差），这种相位差人眼无法观察。而相差显微镜通过改变这种相位差，并利用光的衍射和干涉现象，把相位差变为振幅差来观察活细胞和未染色的标本。

利用物体不同结构成分之间的折射率和厚度的差别，把通过物体不同部分的光程差转变为振幅（光强度）的差别，光线透过标本后发生折射，偏离了原来的光路，同时被延迟了 1/4λ（波长），如果再增加或减少 1/4λ，则光程差变为 1/2λ，两束光合轴后干涉加强，振幅增大或减小，提高反差，从而提高了各种结构间的对比度，使各种结构变得清晰可见。相差显微镜主要用于观察活细胞或不染色的组织切片，有时也可用于观察缺少反差的染色样品。

在构造上，相差显微镜有不同于普通光学显微镜的 4 个特殊装置（图 3）。

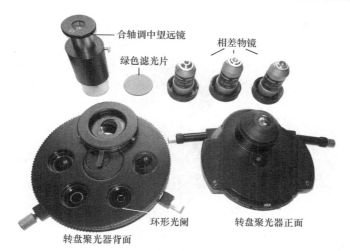

图 3　相差显微镜与普通光学显微镜的主要差异装置

（1）相差物镜

相差物镜（phase contrast objective）是显微镜特有的重要装置，内含涂有氟化镁的相位板（annular phaseplate）。相位板可将直射光或衍射光的相位推迟 1/4λ，造成视场中被检样品影像与背景不同的明暗反差，一般分为两种。

A+相板：将直射光推迟 1/4λ，两组光波合轴后光波相加，振幅加大，标本结构比周围介质更加变亮，形成亮反差（或称负反差）。

B+相板：将衍射光推迟 1/4λ，两组光线合轴后光波相减，振幅变小，形成暗反差（或称正反差），结构比周围介质更加变暗。

（2）转盘聚光器

转盘聚光器（turret condenser）是在普通聚光器的位置上由聚光器和环形光阑（annular diaphragm）组成，环形光阑由大小不同的环状通光孔组成，其直径与相差物镜的相板相匹配，作用是使透过聚光器的光线形成空心光锥，聚焦到标本上（图 4，杨汉民，2008）。

（3）合轴调中望远镜

合轴调中望远镜（centering telescope，CT）用于调节环形光阑的像与相板共轭面完全吻合。

（4）绿色滤光片

绿色滤光片的作用是缩小照明光线波长范围，减少由于照明光线的波长不同引起的相位变化，兼有吸热的作用，以利活体观察。

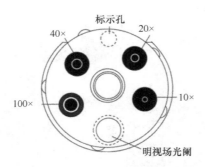

图 4   相差显微镜转盘聚光器构造图

4. 荧光显微镜

荧光显微镜（fluorescence microscope）是利用一个高发光效率的点光源，经过滤色系统发出一定波长的光（如紫外光 365 nm 或紫蓝光 420 nm）作为激发光，激发被检物体内的荧光物质发射出各种不同颜色的荧光，然后在显微镜下观察物体的形状及其所在位置。

某些物质经波长较短的光线照射后，分子被激活，吸收能量后呈激发态。其能量一部分转化为热量或用于光化学反应外，相当一部分则以波长较长的光能形式辐射出来，这种波长长于激发光的可见光称作荧光。细胞内大部分物质经短光波照射后，可发出较弱的自发性荧光。有些细胞成分也能与发出荧光的有机化合物——荧光染料结合，激发后呈现一定颜色的荧光，借以对组织进行细胞化学的观察和研究。

荧光显微镜也是光学显微镜的一种，主要的区别是二者的激发波长不同，由此决定结构和使用方法上有差异（图 5）。

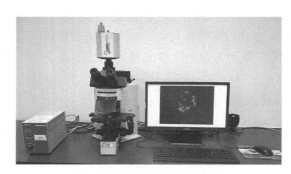

图 5   荧光显微镜的基本结构

（1）光源

荧光显微镜采用 200 W 的超高压汞灯作光源，它是用石英玻璃制作，中间呈球形，内充一定数量的汞；工作时由两个电极间放电，引起水银蒸发，球内气压迅速升高，当水银完全蒸发时，可达 50～70 标准大气压，这一过程通常需 15 min 左右。超高压汞灯的发光是电极间放电使水银分子不断解离和还原过程中发射光量子的结果。它发射很强的紫外和蓝紫光，足以激发各类荧光物质（图 6，赵刚和刘江东，2012）。

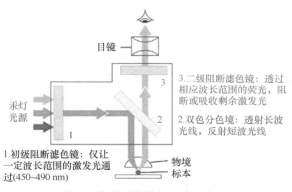

图 6　荧光显微镜的光路示意图

（2）滤色系统

滤色系统是荧光显微镜的重要部件，由激发滤光片和阻断滤光片组成。滤光片一般都以基本色调命名，前面字母代表色调，后面字母代表玻璃，数字代表型号特点。例如，德国产品（Schott）BG12，就表示是一种蓝色玻璃，B 是蓝色的第一个字母，G 是玻璃的第一个字母；有的滤光片也以透光分界波长命名，如K530，表示阻挡波长 530 nm 以下的光而透过 530 nm 以上的光；还有的厂家以数字命名，如美国 Corning 厂的 NO：5-58，即相当于 BG12。

1）激发滤光片。根据光源和荧光色素的特点，可选用三类激发滤光片，提供一定波长范围的激发光。①紫外光（UV）激发滤光片。此滤光片可使 400 nm 以下的紫外光透过，激发光谱区域为 330～400 nm，可阻挡 400 nm 以上的可见光通过。常用型号为 UG-1 或 UG-5，外加 BG-38，以除去红色尾波。②紫光（V）激发滤光片。激发光谱区域为 395～415 nm。常用型号为 ZB-2 或 ZB-3，外加 BG-38。③蓝光（B）激发滤光片。激发光谱区域为 420～485 nm。常用型号为 QB24（BG12）。最大吸收峰在 500 nm 以上的荧光素（如罗达明色素）可用绿光（G）滤光片（如 B-7）激发，绿光激发光谱区域为 460～550 nm。目前，采用金属膜干涉滤光片，由于针对性强，波长适当，因而激发效果比玻璃滤光片更好，如德国 Leica 厂的 FITC 专用 KP490 滤光片和罗达明的 S546 绿色滤光片，均远比玻璃滤光片效果更好。

2）阻断（或压制）滤光片。阻断滤光片的作用有二，一是吸收和阻挡激发光进入目镜，以免干扰荧光结果和损伤眼睛；二是选择并让相应波长范围的荧光通过，表现出专一的荧光色彩。阻断滤光片与激发滤光片相对应，必须配合使用。目前常用 3 种阻断滤光片：①紫外光阻断滤光片，可通过可见光、阻挡紫外光通过，能与 UG-1 或 UG-5 组合，常用 GG-3K430 或 GG-6K460；②紫蓝光阻断滤光片，能通过 510 nm 以上波长的光（绿到红），能与 BG-12 组合，常用 OG-4K510 或 OG-1K530；③紫外紫光阻断滤光片，能通过 460 nm 以上波长的光（蓝到红），可与 BG-3 组合，常用 OG-11K470、K490 和 K510。

3）物镜。各种物镜均可应用，但最好用消色差的物镜，因其自体荧光极微且透光性能（波长范围）适合于荧光。由于图像在显微镜视野中的荧光亮度与物镜镜口率的平方成正比，而与其放大倍数成反比，所以为了提高荧光图像的亮度，应使用镜口率大的物镜；尤其在高倍放大时其影响非常明显。因此对荧光不够强的标本，应使用镜口率大的物镜，配合以尽可能低的目镜（如 4×、5×、6.3×等）。

相对于普通光学显微镜，由于荧光标记的放大作用，其检出能力高；通过活体染色，减少对细胞的刺激；通过多种荧光染料进行多重染色（参考第七章），可以同时对多种结构或物质进行观察比较。

三、仪器、试剂与材料

1. 仪器

倒置显微镜、暗视野显微镜、相差显微镜、Olympus 荧光显微镜、载玻片、盖玻片、牙签、滴管等。

2. 试剂

生理盐水、吖啶橙、苯胺蓝等。

3. 材料

浮游生物、蚕豆叶片、自发荧光装片（如蝴蝶鳞片）等。

四、实验内容及步骤

1. 倒置显微镜的使用及显微摄影

（1）倒置显微镜的使用

与普通光学显微镜类似，先对光，对好光后，载物台调至最低，将装有培养的细胞或浮游生物的培养皿置于载物台，先用低倍镜调焦，结合粗准焦螺旋和细准焦螺旋调至最清晰状态观察，观察清楚后再转至高倍镜，微调细准焦螺旋，左右调至最清晰状态后仔细观察。

（2）显微摄影（以明美照相软件为例）

1）将样品移至视野正中央。

2）电脑上打开显微摄影软件，打开 LIVE 窗口。

3）显微镜上拉开挡光板，使光线进入 CCD 通道。

4）调整细准焦螺旋和载物台，将重要结构置于视野正中央并得到清晰图像，将相应物镜倍数的标尺显示，置于右下角适宜位置，选择拍照，保存图片。

5）如果屏幕上的颜色与目镜中观察到的颜色相差太远，除去仪器本身的问题，需进行"白平衡"（white balance）。通光孔处不放任何标本，调光线至最亮，选择一处白色为对照，点击"白平衡"选项，系统即可自动白平衡。

2. 暗视野显微镜的使用及显微摄影

1）选厚薄在 1.0～1.2 mm 的干净载玻片一块，按常规方法取适量浮游生物制成临时装片，加盖玻片（注意切勿有气泡存在）。

2）安装暗视野聚光器。

3）光源的光圈孔调至最大。

4）在聚光器顶端玻璃上滴一滴香柏油，将标本置于载物台中央孔处，上升聚光器使油与载玻片接触（不能有气泡发生）。

5）调节聚光器光轴，微微上调聚光器，当在暗视场中清晰可见一光环或圆形光点时，停止上升聚光器，轻轻旋转聚光器上左右两侧的调中螺杆，使聚光器缓慢的水平移动，从而使光环或圆形光点移至视野正中央，即表示暗视野聚光器光轴在一条直线上。

6）调节聚光器焦点，使之位于被检样品处，转动聚光器升降螺旋，使视场中光环调成一最小的圆形光点，此刻即为聚光器的焦点恰于样品处。

7）换上高倍镜，参照普通显微镜方法操作，仔细观察。

8）拍照，参照普通光学显微镜摄影。

3. 相差显微镜的使用及显微摄影

1）安装相差物镜。

2）安装转盘聚光器。旋转聚光器升降螺旋，放松固紧螺丝，卸下普通明视场聚光器，把转盘聚光器安放到相应位置上，旋紧固紧螺丝，转动聚光器升降螺旋，升至最高位，标示孔朝向操作者。

3）将绿色滤光片放置镜座的滤色镜架上。

4）聚光器光轴与显微镜主光轴合一。①旋转聚光器升降螺旋，聚光器升至最高位；②旋转聚光器上的环形光阑，将"O"对准标示孔，先使用普通光学镜的明视场；③打开光源，使视场明亮；④样品置于载物台，低倍镜聚焦。

5）旋转聚光器上的环形光阑，将"10×"对准标示孔，使之与 10×相差物镜相匹配。

6）相板圆环与环形光阑圆环的合轴调中。①拔出目镜，插入合轴调中望远镜（CT），一边从 CT 镜内观察，一边转动 CT 内筒使其下降，当对准焦点就能看到清晰的环形光阑的亮环和相板的暗环，此时固定 CT；②左右调节环形光阑聚光器上的调节旋钮，使两环完全重合（图 7）；③合轴调中完毕，将 CT 换回普通目镜；④更换不同倍数的物镜时，需使用相匹配倍数的环形光阑，并重新合轴调中。

7）调焦观察，照相。

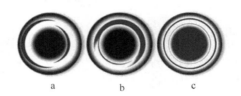

图 7　相差显微镜环形光阑和相板圆环合轴调中

a, b. 亮环、暗环未重合；c. 亮环、暗环重合

4. 荧光显微镜的使用及显微摄影

1）安装紫外防护罩，打开灯源，超高压汞灯要预热 15 min 才能达到最亮点。

2）透射式荧光显微镜需在光源与暗视野聚光器之间装上所要求的激发滤片，在物镜的后面装上相应的压制滤片。落射式荧光显微镜需在光路的插槽中插入所要求的激发滤片、双色束分离器、压制滤片的插块。目前，多数阻断滤镜已置于荧光显微镜内。

3）用低倍镜观察，调整光源中心，使其位于整个照明光斑的中央。

4）放置自发荧光装片。

5）旋转分光镜组件转盘，选择所需要的分光镜组件。"O"为观察透射光时用，"WU"为观察蓝色荧光时用（如 DAPI），"WB"为观察绿色荧光时用（如 FITC），"WG"为观察红色荧光时用（如 TRITC）；通过粗、细准焦螺旋调整焦距后即可观察、拍照。

6）撕取蚕豆叶片下表皮，用 20 μL 0.1%苯胺蓝染色 3～5 min，制作成临时装片；紫外激发下快速镜检、观察并拍照。

7）荧光显微镜所看到的荧光图像，一是具有形态学特征，二是具有荧光的颜色和亮度，在判断结果时，必须将二者结合起来综合判断。由于荧光很易褪色减弱，要即时摄影，记录结果。方法与普通显微摄影技术基本相同。

五、实验结果及分析

1）给培养皿内的活细胞拍照，要求结构清晰的照片，并分析倒置显微镜与普通光学显微镜的优缺点。

2）在暗视野显微镜下给浮游生物拍照，要求结构清晰，图片美观。

3）用相差显微镜拍一张口腔上皮细胞的照片，并绘制相差显微镜的光路图，分析相差显微镜与普通光学显微镜观察同一物体时，物象的差异。

4）分别给蝴蝶鳞片和蚕豆叶片下表皮拍照，要求构图合理、清晰，颜色准确。

5）在苯胺蓝染色观察时发现荧光会迅速淬灭，给观察和拍照带来很大困难，如何解决？

六、注　意　事　项

1）进行暗视野观察时，聚光镜与载玻片之间滴加的香柏油要适宜，否则照明光线于聚光镜上面进行全面反射，达不到被检物体，从而不能得到暗视野照明。

2）在进行暗视野观察标本前，一定要进行聚光镜的中心调节和调焦，使焦点与被检物体中心位置一致。

3）由于暗视野聚光镜的数值孔径都较大（NA = 1.2～1.4），焦点较浅，因此，过厚的被检物体无法调在聚光镜焦点处，一般载玻片厚度为 1.0 mm 左右，盖玻片厚度宜在 0.16 mm 以下，同时载玻片、盖玻片应很清洁，无油脂及划痕，否则都会严重扰乱最终的成像。

4）荧光显微镜光源启动后，维持工作电压一般为 50～60 V，工作电流约 4 A。光源寿命有限，200 W 超高压汞灯的平均寿命，在每次使用 2 h 的情况下约为 200 h，开动一次工作时间愈短，则寿命愈短，如开一次只工作 20 min，则寿命降低 50%。因此，标本应集中检查，使用时尽量减少启动次数。灯泡在使用过程中，其光效是逐渐降低的。灯熄灭后要等冷却后才能重新启动。点燃灯泡后不可立即关闭，以免水银蒸发不完全而损坏电极，一般需要等 15 min。

5）荧光显微镜应在暗室中进行检查。待光源发出强光稳定后，提前进入暗室，眼睛完全适应暗室后，再开始观察标本。注意防止紫外线对眼睛的损害，应避免眼睛直视紫外光源，在调整光源时应戴上防护眼镜。

6）标本荧光染色后应立即观察，检查时间每次以 1～2 h 为宜，超过 90 min，超高压汞灯发光强度逐渐下降，荧光减弱；标本受紫外线照射 3～5 min 后，荧光也明显减弱；所以，尽可能缩短照射时间并及时拍照，最多不得超过 2～3 h，拍照时可变换不同的视野，暂时不观察时可用挡光板遮盖激发光。一般荧光在 20℃以下时较稳定，若将标本放在聚乙烯塑料袋中 4℃保存，可延缓荧光减弱时间。

7）荧光染色时，一般荧光染料的浓度在万分之一以下，甚至亿万分之一，也能使标本着色。在一定的限度内，荧光强度可随荧光素的浓度增加而增强，但超过限度，荧光强度反而下降，这是由于荧光分子间的缔合而使自身荧光淬灭所致。

8）用油镜观察荧光标本时，必须用无荧光的特殊镜油。

七、思 考 题

1）暗视野显微镜的成像特点及优缺点？

2）使用暗视场照明时，为什么必须在聚光器与载玻片间进行油浸？

3）相差显微镜有哪些特有的附件？其构造如何？

4）为什么相差显微镜可以直接观察活体样品？

5）概述荧光显微镜的使用操作过程及注意事项。

6）荧光显微镜滤光镜的功能及其区别？如何选用合适的滤光镜？

实验十五 细胞核和细胞器的分离与鉴定

一、实 验 目 的

了解细胞核和细胞器分离的原理；掌握差速离心技术和密度梯度离心技术的原理和方法；掌握动物细胞核、线粒体等细胞器的染色及鉴定方法。

二、实 验 原 理

细胞器在维持细胞的复杂生命活动中起重要的作用。为了研究各种细胞器的功能，首先就要将细胞器从细胞中分离出来。一般可利用各种物理方法，如用研钵、玻璃匀浆器、高速组织捣碎机、超声匀浆器、低渗法、冻融法等将组织制成匀浆；或用化学方法，如用甲醛等有机溶剂和表面活性剂处理，或用酶处理，使细胞破碎。

1. 细胞核和细胞器的分离

由于不同细胞器的大小、密度均存在差异，因此在同一介质或不同介质中的沉降系数各不相同。根据这一原理，常用离心法来分离不同的细胞器。分级分离的方法主要有差速离心和密度梯度离心两种。

（1）细胞核的分离

细胞核的比重和大小与其他细胞器不同，分离细胞核最常用的方法是将组织制成匀浆，在均匀的悬浮介质用特定的速率离心、分离，然后进一步纯化、分析和鉴定。

（2）线粒体的分离

将组织制成匀浆，在适当的悬浮介质中用差速离心法可以分离细胞线粒体。在一均匀的悬浮介质中离心一定时间，组织匀浆中的各种细胞器由于沉降系数不同会停留在离心管的不同位置，这样就可以分步收集。

本实验的悬浮介质采用蔗糖缓冲溶液，它较接近细胞质的分散相，在一定程度上能保持细胞器的结构和酶活力，有利于分离。整个操作过程样品要保持在 $0 \sim 4^{\circ}\text{C}$，避免酶失活。

2. 染色方法

由于碱性染料的胶粒表面带有阳离子，酸性染料的胶粒表面带有阴离子，而被染部分本身具有阳离子或阴离子，这样，它们彼此之间发生吸引作用，染料就被堆积下来。染色法可以显示活细胞内的某种天然结构存在的真实性，而不影响细胞的生命活动和产生任何物理、化学变化以致细胞的死亡。

一般而言，嗜酸颗粒为碱性蛋白质，与酸性染料（如伊红）等结合，染成粉红色，称为嗜酸性物质；细胞核蛋白和淋巴细胞匀浆为酸性，与碱性染料美蓝或天青结合，染成紫蓝色，称为嗜碱性物质；中性颗粒呈等电状态与伊红和美蓝均可结合，染淡紫色，称为中性物质。但 pH 对细胞染色有一些的影响，在偏酸性环境里蛋白质带正电荷，易与伊红结合，染色为偏红；在偏碱性环境里负电荷增多，易与美蓝或天青结合，染色偏蓝。

目前，实验室内活体细胞核染色常用 1%甲苯胺蓝（toluidine blue）溶液和吉姆萨染液（Giemsa stain）染色，线粒体一般采用 0.02%詹纳斯绿 B（Janus green B）溶液。

三、仪器、试剂与材料

1. 仪器

显微镜、高速冷冻离心机、解剖刀、剪刀、小烧杯、玻璃匀浆器、漏斗、移液枪（200 μL 和 1000 μL）、滤纸、尼龙织物、离心管（1.5 mL）等。

2. 试剂

0.9%（m/V）生理盐水；0.01 mol/L Tris-盐酸缓冲液，含 0.25 mol/L 蔗糖，pH 7.4；1%（m/V）甲苯胺蓝溶液；0.02%（m/V）詹纳斯绿 B 溶液等。

3. 材料

鼠肝或鸡肝、猪肝。

四、实验内容及步骤

1. 细胞核的分离提取

1）实验前将小鼠空腹 12 h，脊椎脱臼法处死，剖腹取肝，在冰浴上将肝剪成小块、去除结缔组织，迅速用冰冷的生理盐水洗净血水，用滤纸吸干水。

2）剪碎的肝组织移入玻璃匀浆管中，加入适量匀浆液，在冰浴中快速匀浆，成浆液后，用尼龙布过滤于离心管中。

3）在 4℃下，2500 g 离心 15 min，将上清液移入另一干净离心管中，待分离线粒体用。

4）沉淀加少量匀浆液重新悬浮，2500 g 离心 15 min，弃上清液。

5）在沉淀中加入少量匀浆液轻轻摇匀，然后制作涂片，自然干燥。

6）用 1%甲苯胺蓝染色 5～10 min。

7）细流水冲洗，干燥后观察。

2. 线粒体差速离心分离

1）预留的上清液在 4℃下 17 000 g 离心 20 min，弃上清液。

2）加入 1 mL 匀浆液，沉淀重新悬浮后，17 000 g 离心 20 min，将上清液吸入另一试管中，沉淀另加入少量匀浆液制成悬浮液。

3）分别用上清液和沉淀悬浮液制作涂片，用 0.02%（m/V）詹纳斯绿 B 溶液染色 20 min，细水冲洗干净，进行镜检（不需要盖盖玻片）。

五、实验结果及分析

1）给分离并染色的细胞核拍照，评判分离纯化的结果，分析影响细胞核分离纯化的主要因素有哪些？

2）对线粒体进行拍照，并对分离纯化的结果优劣进行原因分析。

六、注意事项

1）实验前动物必须空腹过夜，以降低肝中的脂肪含量。

2）线粒体是进行活体染色，故应尽快染色观察。

3）活细胞染色对 H^+ 浓度十分敏感，染色前一定要清洁，要无酸碱污染。应用近中性水冲洗，不然会导致各种细胞染色反应异常，以致识别困难，甚至造成错误的结果。

七、思考题

分离介质中加 0.25 mol/L 蔗糖有什么作用？

实验十六　叶绿体的分离和荧光观察

一、实　验　目　的

通过植物细胞叶绿体的分离，了解细胞器分离的一般原理和方法；观察叶绿体的自发荧光和次生荧光，并进一步熟悉荧光显微镜的使用方法。

二、实　验　原　理

叶绿体（chloroplast）是植物细胞特有的能量转换细胞器，是进行光合作用的场所。将组织匀浆在等渗介质中进行差速离心，是分离细胞器的常用方法。叶绿体的分离应在等渗溶液（0.35 mol/L NaCl 或 0.4 mol/L 蔗糖溶液）中进行，以免渗透压的改变使叶绿体受到损伤。将匀浆液在 1000 r/min 的条件下离心 2 min，以去除组织残渣和一些未被破碎的完整细胞；然后，在 3000 r/min 的条件下离心 5 min，即可获得初叶绿体（混有部分细胞核）。分离过程在 0～5℃下进行。

荧光显微技术是利用荧光显微镜对可发荧光的物质进行观测的一种技术。一些生物体内的物质受激发光照射后可直接发出荧光，称为自发荧光（或直接荧光），如叶绿素的火红色荧光和木质素的黄色荧光等。有的生物材料本身不发荧光，但它吸收荧光染料后同样也能发出荧光，这种荧光称为次生荧光（或间接荧光），如叶绿体吸附吖啶橙后可发橘红色荧光。

三、仪器、试剂与材料

1. 仪器

高速冷冻离心机、组织捣碎机、分析天平、荧光显微镜、烧杯、量筒、滴管、离心管、纱布、无荧光载玻片和盖玻片等。

2. 试剂

0.35 mol/L NaCl 溶液，0.01%（m/V）吖啶橙。

3. 材料

新鲜菠菜。

四、实验内容及步骤

1）选取新鲜的嫩菠菜叶，洗净擦干后去除叶柄和主叶脉，称 30 g，加入 150 mL 0.35 mol/L NaCl 溶液；利用组织捣碎机低速（5000 r/min）匀浆 3～5 min。

2）将匀浆用 6 层纱布过滤于烧杯中。

3）取滤液在 1000 r/min 下离心 2 min，弃去沉淀。

4）将上清液在 3000 r/min 下离心 5 min，弃去上清液，沉淀即为粗叶绿体。

5）将沉淀用 0.35 mol/L NaCl 溶液重新悬浮。

6）取一滴叶绿体悬浮液滴于载玻片上，加盖玻片后即可在普通光镜和荧光显微镜下观察。①在普通光镜下观察，可看到叶绿体为绿色橄榄形，在高倍镜下可看到叶绿体内部含有较深的绿色小颗粒，即基粒；②在荧光显微镜下观察（以 Olympus 荧光显微镜为例），在选用 B 激发滤片、B 双色镜和阻断滤片的条件下，叶绿体发出火红色荧光；③取一滴叶绿体悬浮液滴在无荧光载玻片上，再滴加一滴 0.01%（m/V）吖啶橙荧光染料，加无荧光盖玻片后，可观察到叶绿体发出橘红色荧光，而其中混有的细胞核则发绿色荧光。

五、实验结果与分析

分别用荧光显微镜对叶绿体的自发荧光和次生荧光拍照，比较其差异并分析其作用机理。

六、注 意 事 项

1）叶绿体的分离应在等渗溶液中进行，以免渗透压的改变使叶绿体受到破坏；分离过程要在 0～5℃下进行以保持其酶活力。

2）利用荧光显微镜对可发荧光的物质进行检测时，将受到许多因素，如温度、光照和淬灭剂等的影响。

七、思 考 题

1）叶绿体分离的实验原理是什么？在分离叶绿体时应注意什么问题？

2）加入吖啶橙后叶绿体的自发荧光为什么消失了？

实验十七　小鼠肾原代细胞的分离及细胞计数

一、实 验 目 的

学习并掌握原代细胞培养的基本步骤，熟悉血细胞板细胞计数法及原代细胞的培养与观察。

二、实 验 原 理

细胞培养（cell culture）是模拟机体内生理条件，将细胞从机体中取出，在人工条件下使其生存、生长、繁殖和传代，从而进行细胞生命过程、细胞癌变、细胞工程等问题的研究。近年来，广泛地应用于生物工程领域，已发展成为一种重要生物技术，并取得显著成就。由体内直接取出组织或细胞进行培养叫原代培养。原代培养细胞离体时间短，性状与体内相似，适用于研究。一般说来，幼稚状态的组织和器官，如动物的胚胎、幼仔的脏器等更容易进行原代培养。

三、仪器、试剂与材料

1. 仪器

超净工作台、二氧化碳培养箱、倒置显微镜、离心机、水浴锅、移液枪、酒精灯、手术剪刀、镊子、细胞培养瓶、细胞培养皿、无菌平皿、无菌离心管（50 mL）、200 目灭菌不锈钢细胞筛、废液缸、血细胞计数板、计数器、乳胶手套、口罩等。

2. 试剂

DMEM（dulbecco's modified eagle medium）培养基（10%小牛血清、青链霉素双抗）、0.25%胰蛋白酶消化液（含 0.02% EDTA）、磷酸缓冲盐溶液（PBS）、75%（V/V）乙醇等。

3. 材料

出生 3 周内的昆明小鼠。

四、实验内容及步骤

1. 取材

在超净工作台中用脊椎脱臼法使小鼠迅速死亡，然后把整个动物浸入盛有75%乙醇的烧杯中消毒 20～30 s；取出后将小鼠卧放在无菌平皿中，用经高温灭菌的剪刀从小鼠背部剪开皮肤，用剪刀将小鼠腰部薄弱处的肌肉剪开，可见一蚕豆状的器官即为肾，用镊子将完整的肾取出，置于另一无菌平皿中。

2. 切割

用灭菌的 PBS 将取出的肾清洗三次，然后用剪刀仔细将组织反复剪碎，直到成 1 mm 左右的小块，再用 PBS 清洗，洗到组织块发白为止。移入无菌离心管中，静置数分钟，使组织块自然沉淀到管底，弃上清液。

3. 消化

吸取 0.25%胰蛋白酶消化液（含 0.02% EDTA）2～5 mL，加入离心管中，与组织块混匀后，加上塞子，37℃水浴中消化 30 min，每隔 5 min 摇动一下试管，使组织与消化液充分接触，静止，吸去上清。

4. 制备单细胞悬液

向含有经消化的肾组织的离心管中加入 10 mL PBS，轻轻混匀，自然沉降，吸去上清，再将 5 mL DMEM 培养基（10%小牛血清、青链霉素双抗）加入到组织块中，用吸管吸打数次，直至肉眼看不到块状组织，200 目灭菌不锈钢细胞筛过滤，将滤液收集于细胞培养皿中。

5. 细胞计数

取一套血细胞计数板，将特制的盖玻片盖在血细胞计数槽上；将待测细胞悬液吹均匀，然后吸取少量悬液沿盖玻片边缘缓慢滴入，要保证盖玻片下充满悬液，注意盖玻片下不要有气泡，也不能让悬液流入旁边槽中；将血细胞计数板放于显微镜的低倍镜下观察，并移动计数板，当看到镜中出现计数方格后，数出四角的 4 个中格和中间的 1 个中格中的细胞数目；计算原细胞悬液的细胞数。

6. 细胞培养与观察

将细胞悬液加入到含有 DMEM 培养液的新细胞培养皿内，放入二氧化碳培养箱中继续培养，每 2～3 天更换培养液一次，并观察细胞的形态及生长状况。

五、实验结果及分析

200 目灭菌不锈钢细胞筛过滤，将滤液收集于细胞培养皿中，在倒置显微镜下，利用放大倍数为 4～40 倍的物镜对消化的小鼠肾细胞进行观察并拍照。普通光学显微镜下，利用血细胞计数板进行细胞计数。

六、注 意 事 项

1）用 PBS 清洗剪碎的肾时，应洗到组织块发白为止。
2）如果细胞密度太高，要稀释后再进行计数，一般要求细胞浓度在 10^6 cells/mL 左右较好。

七、思 考 题

1）胰蛋白酶的作用是什么，胰蛋白酶消化的时间如何把握？
2）如何防止在操作过程中出现污染？
3）为什么提取原代细胞要选择新生的小鼠或幼鼠？

实验十八　细胞的消化、传代和冻存

一、实验目的

熟悉并掌握细胞的消化方法、传代的操作过程，掌握细胞冻存的方法。

二、实验原理

　　细胞的消化是利用胰蛋白酶将贴壁生长的细胞重新制成单细胞悬液的过程。传代培养是指细胞从一个培养瓶（皿）以 1∶2 或以上的比例转移，接种到另一培养瓶（皿）中进行培养。这种培养，第一步也是制备细胞悬液，当细胞长成致密单层时，它很容易被蛋白酶水解和 EDTA 所破坏。所以一般采用胰蛋白酶和 EDTA 的混合物作为消化液。细胞的冻存是指经消化的细胞加入冻存液，于低温下长期保存的方法，其操作是向含有高浓度细胞的培养液中加入保护剂，在缓慢地冻结条件下，使细胞内水分在冻结前透出细胞，利用冻存技术将细胞置于–196℃液氮中低温保存，可以使细胞暂时脱离生长状态而将其细胞特性保存起来。

三、仪器、试剂与材料

1. 仪器

　　超净工作台、二氧化碳培养箱、倒置显微镜、离心机、水浴锅、超低温冰箱、细胞冻存盒、液氮罐等。

2. 试剂

　　DMEM 培养基（10%小牛血清、青链霉素双抗）、0.25%胰酶消化液（含 EDTA）、PBS 溶液、75%乙醇、二甲亚砜（DMSO）等。

3. 材料

　　传代细胞。

四、实验内容及步骤

1）在做传代细胞培养之前，首先将培养瓶置于显微镜下，观察培养瓶中细胞密度。

2）将培养皿内的培养基用无菌巴氏吸管轻轻吸干净。

3）向培养瓶或培养皿中加入 2～3 mL PBS 溶液，轻轻旋转培养皿，将培养皿内未吸净的培养基洗去，用巴氏吸管将液体吸净。

4）向培养皿中加入 1～2 mL 0.25%胰酶消化液，于 37℃消化 1～2 min，并于显微镜下观察细胞的形态变化。

5）当 80%以上的细胞变成单个球形的细胞时，轻轻吸掉消化液，加入 5 mL DMEM 培养液，利用吸管轻轻吹打至细胞形成单细胞的悬液。

6）取 2 mL 消化的细胞，按 1:6 的比例将细胞悬液加入到含有 DMEM 培养液的新细胞培养皿内，放入二氧化碳培养箱中继续培养。

7）另取 3 mL 步骤 5 的细胞悬液加入到 15 mL 离心管中，平衡后，放入离心机中 1000 r/min，离心 5～10 min。

8）弃上清液，向离心管中加入配制好的细胞冻存液（10%小牛血清、青链霉素双抗 + 80% DMEM 培养液 + 10% DMSO），巴氏吸管轻轻吹打细胞并制成细胞悬液，将其分装至细胞冻存管中，每管分装 1 mL 左右，记号笔标记冻存细胞的时间、细胞株名称和细胞的代数。

9）将细胞冻存管放到装满异丙醇的细胞冻存盒内，于–80℃冻 4 h 左右，即可转入液氮中冻存（如果没有细胞冻存盒，可将细胞先在 4℃中冻 1 h 左右，再转移至–20℃冻 1 h，然后转至–40℃冻 1 h 左右，再转至–80℃中冻 1 h，最后于液氮中冻存）。

五、实验结果及分析

在倒置显微镜下，利用放大倍数为 4～40 倍的物镜对消化前后的细胞进行观察并拍照。传代细胞培养过夜后，倒置显微镜下对细胞的贴壁和生长情况进行观察，并拍照。

六、注　意　事　项

1）严格无菌操作，防止细胞被污染。

2）传代后要及时观察细胞的形态及生长情况。

3）观察细胞培养液的颜色变化，及时更换培养液。

4）细胞冻存的原则为程序降温，不能将细胞直接冻存于液氮中，否则细胞会大量死亡。

5）冻存细胞最好为对数生长期的细胞，在冻存前一天最好换一次新配制的培养液。

七、思　考　题

1）体外培养细胞的形态特征及胰蛋白酶消化后的细胞形态是如何变化，变化的原因是什么？

2）细胞冻存液中为什么要加 DMSO？

3）为什么细胞冻存的基本原则是缓慢程序降温？

实验十九　细胞早熟凝集染色体的制备及观察

一、实　验　目　的

理解并掌握早熟染色体凝集的原理；加深对细胞周期各阶段染色体凝集与去凝集的理解；掌握动物染色体制备和显微观察的技术。

二、实　验　原　理

在细胞周期中存在一个染色体周期，即染色体在分裂期（mitotic period，M期）是凝集状态，合成前期（presynthetic phase，G1 期）向合成期（synthesis phase，S 期）发展时染色质逐渐去凝集，由 S 期向合成后期（postsynthetic phase，G2 期）发展时又逐渐凝集。然而，在显微镜下观察不到染色质在细胞周期中的变化。直到 1970 年，Johnson 和 Rao 在仙台病毒诱导下的海拉细胞（HeLa cell）M 期和间期细胞的融合中才第一次显示处于细胞周期的存在。除了灭活的仙台病毒可以诱导细胞融合外，还有灭活的鸡的新城疫病毒也有此作用。由于病毒的制备比较复杂，现多用化学方法[如聚乙二醇（polyethylene glycol，PEG）]进行细胞融合，该方法简便易行。在细胞融合中，M 期细胞诱导间期细胞产生染色质凝集，称之为早熟凝集染色体（precocious agglutination chromosome，也称为 PC 染色体），此种现象称之为早熟染色体凝集（premature chromosome condensation，PCC）。早熟染色体凝集有以下特征。

1）此种凝集的间期染色质的形态与细胞在融合时细胞所处的周期时相密切相关。例如，G1 期细胞染色质是单线型；S 期呈粉末状，因染色体高度松懈，部分已经复制凝集，而松懈的部分在光镜下不能分辨，故出现此种形态；G2 期为双线染色体，因 DNA 已经复制完成，染色体较中期或早中期染色体长且表面光滑。

2）无种族的屏障。低等动物和高等动物细胞之间均可融合，并诱导 PCC。例如，培养 HeLa 细胞 M 期可以诱导大鼠、小鼠、仓鼠和多种哺乳类细胞发生PCC，也可诱导蚊子细胞，还可诱导许多非培养细胞（如精细胞），甚至可诱导植物细胞产生 PCC。

3）M 期细胞与间期细胞的比率大，则易于诱导 PCC，如两个 M 期细胞和一个间期细胞融合则产生 PCC 效率高，速度快。

4）PC 染色体数目相当于被诱导的该种细胞的染色体数目。

20 多年来的研究认为，促进真核细胞分裂的因子为成熟促进因子（maturation promoting factor，MPF）。MPF 主要由 cdc2 表达产物 p34 及 cdc13 的产物 p56 又称周期蛋白（cycline）所组成。当 p34 与 p56 结合时 p34 脱磷酸化，产生有活力的蛋白激酶，引起一系列的磷酸化级联反应，诱导有丝分裂的各种生化及形态、功能的出现。目前已知 H1 组蛋白和核仁 B23 蛋白为 p34 激酶的底物。

早熟凝集染色体制备在实践中的应用也很广泛，如可用于细胞周期的分析，根据一定数量的 PCC 中各期 PCC 数量的比例，可知药物将细胞阻断于细胞的哪一时期。G1 期向 S 期的发展是由凝集素完全去凝集，根据凝集程度可分为 G1+1、G1+2、G1+3、G1+4、G1+5、G1+6 共 6 级，G+1 至 G1+3 为早 G1 期，G1+4 至 G1+6 为晚 G1 期，正常细胞多阻断于早 G1 期，转化细胞或癌细胞多阻断于晚 G1 期。此种特征可用于判断细胞是正常细胞还是转化细胞或癌细胞。此外，可用于环境中物理或化学因子对靶细胞的间期染色体的损伤。有些不再分裂的细胞的损伤可也用 PCC 来判断。

三、仪器、试剂与材料

1. 仪器

显微镜、离心机、水浴锅、电吹风机、离心管、针头注射器、试管架、染色槽、酒精灯等。

2. 试剂

1）RPMI-1640 培养液、小牛血清、0.25%（m/V）胰蛋白酶消化液、Hanks 液、秋水仙素（2 μg/mL）。

2）50%（m/V）PEG 液的配制。称取 PEG 粉末（分子量为 1000 或 600 均可），于 70℃水浴，溶成液态，再与预热无血清的 RPMI-1640 培养液等量混合，即得 50%PEG 溶液。

3）胸腺嘧啶核苷（thymidine，TdR）。配制成 50 mg/mL 溶液。在 5 mL 培养物中加 5 滴（5 号针头），使最终浓度为 2 mmol/mL。

4）胞嘧啶核苷（cytidine，CdR）配制过程同胸腺嘧啶核苷。

3. 材料

HeLa 细胞，人体肝癌细胞系（BEL-7402）或其他细胞系、细胞株。

四、实验内容及步骤

1. 细胞培养

HeLa 细胞，单层培养于含有 20%（m/V）小牛血清的 RPMI-1640 培养液内，细胞形态呈多边形，增长迅速，细胞倍增时间为 20 h，S 期为 10.5 h。

2. 细胞同步化处理

1）收集培养的 M 期 HeLa 细胞，取一瓶处于对数生长期的 HeLa 细胞。向培养基中加入 10 μg/mL 的秋水仙素使终浓度为 0.04 μg/mL，在二氧化碳培养箱内 37℃继续培养 12 h，使大量生长的细胞被阻断于 M 期；每组取一瓶经上述处理的细胞，以平行于细胞生长面方向反复振摇，使培养液不断洗涮细胞层（或用吸管吹打），M 期细胞因变成球形容易脱离瓶壁而悬浮。将含有 M 期细胞的培养基移入离心管中，1000 r/min 离心 5 min，弃去上清液，加入 5 mL Hanks 液，用吸管吹打成细胞悬液（此为第 1 管）。

2）收集培养的 HeLa 细胞，取一瓶生长良好的 S 期 HeLa 细胞，弃去培养基。加入少量 0.25%胰蛋白酶消化液 2～3 min，弃去胰蛋白酶消化液，然后加入 5 mL Hanks 液，用吸管吹打成单个悬浮细胞备用（此为第 2 管）。

3. 细胞融合

（1）50%（m/V）PEG 液的制备

称取 0.5 g PEG（MW 4000），倒入离心管中，在酒精灯上加热使之融化（约为 0.5 mL），再加入预热的 Hanks 液 0.5 mL 混匀，放在 37℃水浴中待用。

（2）细胞融合操作

将上述第 1、第 2 两管细胞倒入一个离心管中充分混匀。1000 r/min 离心 5 min，去掉上清液，再小心地吸尽残液，用指弹法弹散细胞，在 37℃水浴条件下吸取 0.5 mL 50% PEG 液，逐滴加入离心管内，并不断地轻轻摇动，整个过程约 90 s。然后迅速加入 5 mL Hanks 液以终止 PEG 的作用。在 37℃水浴中静置 5 min，1000 r/min 离心 5 min，弃去上清液，加入 2 mL 有血清的 RPMI-1640 培养基，同时用带针头的注射器垂直加入 1 滴 10 μg/mL 秋水仙素，轻轻吹打成悬液，37℃水浴中温育 30～60 min。

4. 制备 PCC 标本

1）细胞温育后，1000 r/min 离心 5 min，弃去上清液；加入 10 mL 0.075 mol/L

KCl 低渗液制成悬液。

2）在 37℃ 处理 25 min 左右，终止时加入 1 mL 卡诺氏固定液进行固定，1000 r/min 离心 8 min，弃去上清液。

3）指弹离心管底部使细胞分散，加入 10 mL Carnoy 固定液固定 30 min。

4）1000 r/min 离心 5 min，弃去上清液，留 0.2 mL，用吸管轻轻吹打成悬液。

5）取预冷的载玻片滴片，烤干后，吉姆萨染液染色 15 min 左右，水冲洗，干燥后镜检。

5. 结果观察

在低倍镜下，可以容易地找到 M 期与间期细胞融合而诱导产生的 PCC 图像，由于处于间期不同时相的细胞均能与 M 期细胞融合而被诱导产生 PCC，因此有三种不同形态特点的提前凝集染色体：G1 期 PCC、S 期 PCC 和 G2 期 PCC。

G1 期 PCC 为单线染色体，细长，着色浅呈蓬松的线团状；S 期 PCC 由于染色体解旋，DNA 以多点进行复制，复制后的部分着色较深，以双线染色体片段形式存在，故呈粉碎颗粒状结构；G2 期 PCC 因 DNA 复制完毕，所以可见凝集的双线染色体，但较 M 期染色体细长。

五、实验结果及分析

绘出所观察到的每一种早熟凝集染色体，并加以说明。

六、注意事项

1）必须保证无菌操作。

2）M 期、S 期细胞选择要准确。

七、思考题

PCC 有何实际意义？

实验二十　染色体端粒的显示与观察

一、实 验 目 的

了解荧光原位杂交技术的基本原理及其在生物学和医学领域的应用；掌握原位杂交技术的操作方法；熟练掌握荧光显微镜的使用方法。

二、实 验 原 理

荧光原位杂交的基本原理是用已知的标记单链核酸为探针，按照碱基互补的原则，与待检材料中未知的单链核酸进行特异性结合，形成可被检测的杂交双链核酸。与传统的放射性标记原位杂交相比，荧光原位杂交具有快速、检测信号强、杂交特性高和可以多重染色等特点（参考第七章）。染色体端粒（Telomere）是染色体的末端部分，这一特殊结构区域对于线性染色体的结构和稳定起重要作用，是真核生物线性染色体的末端具有的特殊结构。用相应荧光素标记端粒 DNA 制备探针，与真核生物染色体杂交，可在荧光显微镜下直观清晰地观察到染色体末端结构的形态特点，为识别染色体进行核型分析等提供帮助。

三、仪器、试剂与材料

1. 仪器

荧光显微镜、相差显微镜、分析天平、人工气候箱、烘箱、普通冰箱、移液枪、烧杯、量筒、酶解板、刀片、容量瓶（1000 mL）、洗液缸、镊子、剪刀、酒精灯、培养皿、滤纸、打火机、盖玻片、载玻片、离心管、青霉素瓶等。

2. 试剂

浓盐酸、浓硫酸、重铬酸钾、重蒸水、α-溴代萘、甲醇、冰醋酸、KCl、纤维素酶、离析酶、柠檬酸、柠檬酸钠、75%（m/V）乙醇、无水乙醇、镜头清洗液、20 × SSC（母液：用时需稀释成 2× SSC）、10 × PBS（磷酸盐缓冲液）、10 × TN（母液：用时需稀释成 1× TN）、TNB 缓冲液、HB50、核糖核酸酶 A（ribonuclease A，RNaseA）、胃蛋白酶（pepsin）、1% 福尔马林、地高辛化 dUTP（digoxin-11-dUTP）、苯酚、甲醛、抗淬灭剂（Vectashield）、羊抗地高辛-FITC（sheep-anti-digoxigenin-fluorescein isothiocyanate）、果胶酶、兔抗羊-FITC（rabbit anti-sheep-FITC）抗体、鲑鱼精子DNA（ssDNA）、4′,6′-二脒基-2-苯基吲哚（DAPI）、碘化丙啶（PI）、卡诺氏固定液等。

四、实验内容及步骤

1. 玻片洗涤

新的载玻片和盖玻片使用前均需在 1 mol/L HCl 中浸泡过夜,然后在流水下擦洗两面并放入重蒸水中浸泡,最后放入 70%（m/V）乙醇中过夜保存待用。若是回收玻片,则在重铬酸钾洗液中浸泡后,流水冲洗,其他步骤相同。当要使用时,用镊子从烧杯中取出置于玻片架上于空气中自然晾干或烘箱中烤干。

2. 取材、预处理及固定

（1）取材

一般认为凡是能进行细胞分裂的植物组织或单个细胞,都可以作为观察染色体的材料,如根尖、茎尖的分生组织。本实验采用的是植物根尖,取长至 2 cm 左右的根尖,用镊子取下根尖 0.5~1 cm（方便转移）,放入盛有重蒸水的已洁净的青霉素瓶中。

（2）预处理

将青霉素瓶中的重蒸水吸出,加入预先配好的 α-溴代萘,置 25℃恒温箱中预处理 1 h。预处理的作用在于阻止或破坏纺锤体微管的形成,导致染色体高度浓缩,使染色体变短,从而利于染色体的分散。

（3）固定

将预处理液吸出,并用重蒸水清洗 3 次,加入新鲜配制的卡诺氏固定液（3 甲醇：1 冰醋酸）,置于 4℃冰箱中固定过夜。

3. 酶解

取固定好的根尖,用刀片切取根尖 2~3 mm,置于酶解板中,加入重蒸水洗 5 min,0.075 mol/L KCl 溶液洗 4 × 5 min（前低渗）,接着用柠檬酸-柠檬酸纳缓冲液（pH 4.5）洗 2 × 5 min（其目的是预防任何影响酶活力的因素存在）；吸除缓冲液,加入混合酶,于 25℃人工气候箱中酶解 5 h。若使用回收酶,则酶解时间要适当延长。

4. 制片与选片

（1）制片

吸出酶液，重蒸水洗 10 min，加入新配制的卡诺氏固定液，用镊子夹 1 个根尖，放置于洁净干燥的载玻片上，用镊子敲碎至浆状，然后在周围滴一圈固定液，放在酒精灯火焰的中焰上烘烤至着火。肉眼观察应为干净的小雨点状，若小雨点上有一层不透明的薄层，说明酶解时间不够。制好的染色体装片经空气干燥后放入切片盒内。

（2）选片

制好的染色体装片在 Olympus BX51 相差显微镜下镜检，选取分裂相较多、染色体形态较好、背景比较干净的装片置–20℃贮存备用。

5. 染色体制片的前处理

1）染色体制片于 65℃干燥 30 min。

2）每张染色体制片上加 100 μL RNaseA 稀释液（用 2×SSC 稀释 RNaseA 贮存液 100 倍，终浓度为 100 μg/mL），盖上 24 mm×50 mm 的盖玻片，37℃保湿皿中温育 60 min。

3）2×SSC 室温下洗 3×5 min。

4）用 0.01 mol/L HCl 在室温下洗染色体制片 2 min。

5）每张染色体制片上加 200 μL Pepsin 稀释液（用 0.01 mol/L HCl 稀释 Pepsin 贮存液 100 倍，至终浓度 5 μg/mL），盖上 24 mm×50 mm 的盖玻片，保湿皿中 37℃下温育 10 min（温育时间根据材料的不同而调整，一般减数分裂制片温育时间短于有丝分裂制片温育时间，染色体小的材料的温育时间短于染色体大的材料的温育时间）。

6）用灭菌的重蒸水在室温下洗涤染色体制片 2 min，室温下 2×SSC 洗 2×5 min。

7）用 1%（m/V）福尔马林固定液固定 10 min。1%（m/V）福尔马林固定液（50 mL）的配方是：5 mL 10×PBS，2.5 mL MgCl$_2$（1.0 mol/L），1.5 mL 福尔马林（37%），重蒸水 41 mL。

8）2×SSC 室温下洗 3×5 min。

9）–20℃下用 70%、95% 和 100% 乙醇中各处理 5 min，室温下充分干燥染色体制片。

6. 荧光原位杂交

（1）杂交

做杂交之前要用擦镜纸蘸取擦镜液小心地擦掉盖玻片周围的油，以免影响接下来的杂交，揭片。将载玻片用 2 × SSC 洗 2 × 10 min，用系列乙醇脱水，空气干燥。

按每片加入 40 μL 杂交混合液配制杂交液。40 μL 杂交混合液含 22 μL HB50、15 μL 20%（m/V）硫酸葡聚糖（用 HB50 配制）、2 μL 端粒 DNA 标记探针、1 μL ss DNA。探针 DNA 量按每片 50～100 ng 的标准加入，根据探针浓度确定加入探针的体积，并确定 20%（m/V）硫酸葡聚糖的量，总体积为 40 μL。

每张染色体制片加入 40 μL 杂交液，盖上 24 mm × 50 mm 的盖玻片，于 80℃（锡箔纸上）共变性 4 min，转入 37 ℃保湿皿（保湿皿也必须提前放到 80℃烘箱）中孵育过夜（16 h～24 h）。

（2）洗脱

1）20%（m/V）去离子甲酰胺，用 2 × SSC 配制，共 3 个染色缸，42℃，3 × 5 min。

2）2 × SSC，42℃，5 min。

3）1 × TN，室温，5 min。

4）TNB，37℃，30 min（100 μL/片）。

5）1 × TN，室温，1 min。

（3）信号检测和观察

1）杂交后的装片用 0.1 × SSC 在 42℃下处理 2 × 15 min，用 2 × SSC 在 42℃下处理 5 min，TN 缓冲液室温下漂洗 5 min。

2）每张染色体制片上加 100 μL TNB 缓冲液，盖上 24 mm × 50 mm 盖玻片，37℃保湿皿中温育 30 min，然后用 TN 缓冲液在室温下洗 1～2 min。

3）每张制片加抗地高辛-FITC（anti-digoxigenin-FITC）的 TNB 液 100 μL，盖上盖玻片，37℃下于保湿皿中温育 1 h，室温下用 TN 溶液洗 3 × 5 min。

4）每张制片加兔抗羊-FITC 二抗（Rabbit anti-sheep-FITC）的 TNB 液 100 μL，盖上盖玻片，37℃于保湿皿中温育 1 h 后，室温下 TN 溶液洗 3 × 5 min。

5）晾干后的染色体制片加 30 μL 含 25%抗淬灭剂的 DAPI 溶液（3 μg/mL）复染，盖上盖玻片，在 Olympus BX60 荧光显微镜下观察。利用 photomatrics cool SNAP EZ 系统和 MetMorph 软件拍摄和合成照片。分别用紫外光滤色片和蓝色激发滤色片观察 DAPI 染色和杂交信号，用 Adobe Photoshop 软件进行图片处理。

五、实验结果及分析

先在紫外光光源下找到具有细胞分裂相的视野，然后打开荧光激发光源，而经 FITC 标记的探针所在的位置发出绿色荧光。

六、注 意 事 项

1）载玻片一定要清洗干净。
2）探针标记最好选择试剂盒。
3）选择分裂相多且分散程度合适的染色体制片。
4）检测时注意避光操作。

七、思 考 题

1）荧光原位杂交应注意哪些事项？
2）植物染色体端粒的分布有哪些特点？

实验二十一 海拉细胞凋亡的诱导与检测

一、实 验 目 的

学习细胞凋亡的诱导与检测；进一步熟悉荧光染色技术和掌握荧光显微镜的使用方法。

二、实 验 原 理

细胞凋亡是多细胞有机体为调控机体发育，维护内环境稳定，由基因控制的细胞主动死亡过程，是细胞衰老自然死亡的主要方式之一，也是一种自然的生理学过程。与细胞坏死不同，不会引起炎症反应，不释放细胞内容物。

DAPI 4′,6-二脒基-2-苯基吲哚是一种荧光染料，它可以与 DNA 双螺旋的凹槽部分发生相互作用，从而与 DNA 紧密结合，可在紫外下激发蓝光。借助于 DAPI 染色，可观察到凋亡细胞的各种形态学特征。

三、仪器、试剂与材料

1. 仪器

超净工作台、离心机、分析天平、荧光显微镜、振荡培养箱、二氧化碳培养箱、载玻片、盖玻片、细胞培养皿、移液枪等。

2. 试剂

8.8 mol/L 的 H_2O_2 溶液、甲醇、0.01 mol/L PBS (pH 7.4)、血清、DMEM 培养基、胰蛋白酶、10 μg/mL DAPI 染液等。

3. 材料

Hela 细胞。

四、实验内容及步骤

1. 细胞传代

按照实验十八的方法将冻存的海拉细胞复苏,等细胞长满培养皿的90%后,用胰蛋白酶消化细胞,进行传代培养。

2. 凋亡诱导

1)用苏木精-伊红染色法(hematoxylin-eosin staining,HE)染色的小皿,加150 μL H$_2$O$_2$溶液,使终浓度为0.8 mol/L。

2)24 h后收集细胞、进行染色和形态学观察。

3. 染色

1)收集细胞,观察,贴壁细胞较多,直接用PBS溶液洗。

2)吸出洗液,加入500 μL甲醇,室温固定10 min。

3)倒掉甲醇,PBS溶液洗净,加500 μL PBS溶液和50 μL DAPI母液,于37℃染色10 min。

4)倒掉染液,用PBS溶液洗净(注意避光),加入500 μL PBS溶液,倒置荧光显微镜下观察并拍照。

五、实验结果及分析

染色后迅速进行显微拍照与分析。由于DAPI染料只对细胞核进行染色,所以在紫外下只能看见细胞核的结构。视野里最多的是正常细胞,其特点是染色质均一且核表面光滑。凋亡各时期的细胞也可见到,其主要特点是染色不均一。凋亡前期的细胞染色质凝集化,可以看到染色不均一,细胞核形态发生变化,表面不再光滑,核轮廓不规则;凋亡中期细胞核固缩,染色体凝集化、边缘化,细胞核仍然形状不规则;凋亡后期细胞核崩解,成为碎片,可以看到颗粒状的染色体碎片,它们会形成凋亡小体。

六、注 意 事 项

1)由于会发生荧光淬灭,加入DAPI染色后要尽量避光操作;在显微镜下观察拍照时,要先用可见光找到细胞,再转换到紫外光拍摄,因为紫外对荧光的淬灭效果比可见光强很多。

2）实验要求设置阴性对照，不然无论什么结果都无法说明问题。

3）每一个步骤后都要用 PBS 洗掉上一步的试剂，避免对下一步的影响。

4）在显微镜下观察时操作要迅速，因为细胞会变干而发生改变，而且紫外照射过久会发生荧光淬灭，不利于观察。

七、思　考　题

1）如何在荧光显微镜下区分凋亡和分裂细胞？

2）简述诱导细胞凋亡的方法有哪些？

实验二十二　植物细胞骨架的显示与观察

一、实　验　目　的

掌握用考马斯亮蓝 R-250 染色观察动物和植物细胞骨架的原理和方法。

二、实　验　原　理

细胞骨架（cytoskeleton）指真核细胞中的蛋白纤维网架体系。广义的细胞骨架包括细胞核骨架、细胞质骨架、细胞膜骨架和细胞外基质；狭义的细胞骨架是指细胞质骨架，包括微管（microtubule，MT）、微丝（microfilament，MF）和中间纤维（intermediated filament，IF）。显示细胞骨架的常用方法有考马氏亮蓝染色法、免疫荧光染色法、鬼笔环肽标记法。

1. 考马斯亮蓝染色法的原理及特点

用去垢剂 Triton X-100 处理细胞适宜时间，可以溶解膜脂，并与大部分非骨架蛋白疏水区结合而将其溶解，剩下的纤维状细胞骨架蛋白比较稳定而不被溶解，然后用蛋白染料考马斯亮蓝染色即可显示其结构。特点是非特异蛋白染色，不能区分微管、微丝和中间纤维。

2. 免疫荧光染色法的原理及特点

用 Triton X-100 处理过的细胞，可增加细胞膜通透性，使抗体能够进入细胞内与细胞骨架蛋白结合。接着用荧光素标记的抗骨架蛋白抗体便可通过直接免疫荧光法或间接免疫荧光法显示骨架。特点是特异显示各种骨架蛋白。

3. 鬼笔环肽标记法的原理及特点

鬼笔环肽（phalloidin）可特异性地结合肌动蛋白，因此，用荧光素标记的鬼笔环肽可以显示微丝。特点是灵敏，能特异显示微丝。

三、仪器、试剂与材料

1. 仪器

普通光学显微镜、荧光显微镜、恒温水浴锅（37℃）、剪刀、镊子、注射器

（5 mL）、胶头吸管、EP 管（1.5 mL）、试管架（1.5 mL）等。

2. 试剂

1）M-缓冲液。50 mmol/L 咪唑，50 mmol/L KCl，0.5 mmol/L $MgCl_2$，1 mmol/L EGTA，0.1 mmol/L EDTA，1 mmol/L 巯基乙醇或二硫苏糖醇（dithiothreitol，DTT），用 1 mol/L 盐酸调 pH 至 7.2。

2）6 mmol/L 磷酸盐缓冲液（pH 6.8），用 $NaHCO_3$ 调其 pH。

3）含 1% Triton X-100 的 M-缓冲液。

4）用 M-缓冲液配制的 3.0%（m/V）戊二醛。

5）0.2%（m/V）考马斯亮蓝 R-250 染液。乙醇 46.5 mL，冰醋酸 7 mL，蒸馏水 46.5 mL。

6）0.9%（m/V）生理盐水。

3. 材料

洋葱。

四、实验内容及步骤

1）材料准备。撕取洋葱鳞茎内表皮，裁成大小 0.5 cm × 0.5 cm 的小片。

2）PBS 平衡。放入盛有 1 mL 6 mmol/L PBS 缓冲液（pH 6.8）的 EP 管中，静置使材料下沉（完全浸透）；然后用胶头滴管吸弃液体。

3）Triton X-100 处理。加 1 mL 1% Triton X-100 溶液处理 20 min，然后用胶头滴管吸弃液体。

4）洗涤。用 M-缓冲液洗涤 3 次，每次加 1.5 mL 溶液浸泡 5 min，然后用胶头滴管吸弃液体。

5）固定。加 1 mL 3.0%（m/V）戊二醛固定 30 min，然后用胶头滴管吸弃液体。

6）洗涤。用 PBS 洗涤 3 次，每次浸泡 5 min，然后用胶头滴管吸弃液体。

7）染色。用 0.5～1.0 mL 0.2%（m/V）考马斯蓝 R-250 染液染色 10 min。

8）洗涤。用蒸馏水洗涤数遍。

9）制备装片。在载玻片中央加 1 滴水，用镊子夹取样品在其中展开，然后加盖玻片。

10）显微观察。在普通光学显微镜下，洋葱细胞骨架为布满整个细胞的蓝色网状结构。

11）对照样品。① 省去步骤 3，不用 Triton X-100 处理；② 省去步骤 4，用

Triton X-100 处理后不用 M-缓冲液洗涤。

五、实验结果及分析

在普通光学显微镜下，洋葱细胞骨架为布满细胞的蓝色网状结构。实验样品的细胞骨架分布细密均匀，视野中只剩下细胞骨架蛋白，被考马斯亮蓝染成蓝色。在视野的上半部分，细胞的背景呈现蓝紫色，是由于最后洗涤不彻底所致。

不用 Triton X-100 处理的对照样品的细胞中除了细胞骨架蛋白外，还有很多膜泡结构，细胞中还有蓝色的细胞核；这样使得视野中有很多非骨架蛋白，这些非骨架蛋白被考马斯亮蓝染成蓝色，影响对细胞骨架的观察。对照样品用 Triton X-100 处理但不用 M-缓冲液洗涤，视野中没有均匀细密的细胞骨架，这是由于 M-缓冲液使细胞骨架中的微丝保持稳定。在 M-缓冲液中，其中咪唑是缓冲剂，EGTA 和 EDTA 螯合钙离子；缓冲溶液能提供镁离子，在低钙条件下，骨架纤维保持聚合状态并且较为舒张，便于观察。

六、注 意 事 项

1）防止洋葱鳞茎内表皮卷曲、折叠，若卷曲折叠可以在洗涤的过程中慢慢展开，如果还没展开，在制片时用镊子小心地将内表皮展开。

2）Triton X-100 处理时间应足够，处理完后洗涤应充分，否则胞内会存在膜泡状结构及其他杂蛋白，干扰骨架蛋白染色及观察，尽量保证各组各步处理的时间和方法一致。

3）Triton X-100 处理后各步操作应轻柔，避免容器剧烈震荡及吸管吹打过猛引起骨架蛋白束断裂。

七、思 考 题

1）比较用与不用 1%（m/V）Triton X-100 处理的实验结果。

2）查阅资料说明 M-缓冲液中咪唑、$MgCl_2$、EGTA、EDTA、巯基乙醇或二硫苏糖醇在稳定细胞骨架中的作用。

3）设计检测微丝的间接免疫荧光法实验流程。

实验二十三 动物细胞骨架的显示与观察

一、实验目的

掌握细胞骨架的显示方法；进一步掌握荧光显微镜的使用方法，了解荧光显微镜下细胞骨架的基本形态结构，了解荧光探针 Hoechst 33342 与细胞成分的结合特性和光谱特性。

二、实验原理

微丝骨架是一种高度动态的三维网状结构，与细胞的多种生理活动，如细胞运动、胞质分离、细胞器的定位、细胞内物质的运输、吞噬作用、细胞极性生长等密切相关。鬼笔环肽是从一种毒性菇类中分离的剧毒生物碱，它同细胞松弛素的作用相反，只与聚合的微丝结合，而不与肌动蛋白单体分子结合。它同聚合的微丝结合后，抑制了微丝的解体，因而破坏了微丝的聚合和解聚的动态平衡。由于鬼笔环肽非特异地结合并稳定聚合态肌动蛋白，因而对肌动蛋白的动态平衡产生严重影响。此外，较高浓度的鬼笔环肽对细胞有毒害作用。因此，用鬼笔环肽标记微丝并不是用于研究活体细胞的理想方法。

三、仪器、试剂与材料

1. 仪器

荧光显微镜、恒温水浴锅（37℃）、二氧化碳培养箱、移液枪、6 孔细胞培养板、盖玻片等。

2. 试剂

1）PEM 缓冲液。50 mmol/L PIPES（pH 6.9），含 5 mmol/L EGTA，5 mmol/L $MgSO_4$，0.225 mol/L 山梨醇。

2）0.5%（V/V）Triton X-100 溶于 PEM 缓冲液。

3）4%（V/V）多聚甲醛溶于 PEM 缓冲液。

3. 材料

中国仓鼠卵巢细胞（Chinese hamster ovary cell，CHO cell）。

四、实验内容及步骤

1）按常规培养细胞，传代，让 CHO 细胞爬片于盖玻片上。

2）取出培养有 CHO 细胞的盖玻片，于小平皿中用 37℃预温的 1 mL PEM 缓冲液洗 3 次。

3）用 37℃预温的 1 mL 4%（V/V）多聚甲醛固定细胞 15 min。

4）用 37℃预温的 PEM 缓冲液洗 3 次。

5）加入 1 mL 0.5%（V/V）Triton X-100 处理约 10 min。

6）取一洁净的载玻片，按照其大小在其上放置一条 parafilm 膜，在 parafilm 膜上滴加 10 μL 60 nmol/L Alex-phalloidin，湿盒中室温染色 30 min。

7）在 parafilm 膜上加 PEM，待盖玻片被冲起后，再轻轻揭下盖玻片。

8）用 37℃预温的 PEM 缓冲液洗 3 次。

9）滴加 10 μL Hoechst 33342 复染色。

10）荧光镜下观察。

五、实验结果及分析

通过荧光染色拍照技术，获得 CHO 细胞微丝荧光染色图（绿色），CHO 细胞核荧光染色图（蓝色）；并通过荧光显微镜所带的软件进行 CHO 细胞微丝与细胞核荧光染色叠加图（蓝绿色），染色后微丝呈绿色，细胞核为蓝色，染色较为清晰。但细胞数量较多，导致有些染色结果重叠。

六、注 意 事 项

1）盖玻片非常薄，易碎，取放盖玻片时动作要轻，注意不要弄碎盖玻片；分清细胞所在面。

2）每步洗细胞时要轻，勿使细胞脱落。

3）荧光观察注意避光操作，防止荧光淬灭。

七、思　考　题

1）PEM 缓冲液的作用是什么？

2）0.5%（*V/V*）Triton X-100 处理细胞的作用是什么？

3）鬼笔环肽用于细胞骨架研究的优缺点是什么？

实验二十四　DNA 提取及琼脂糖凝胶电泳技术

一、实 验 目 的

掌握动物和植物基因组 DNA 及细菌质粒 DNA 提取的原理与方法；掌握紫外分光光度法、琼脂糖凝胶电泳技术和凝胶电泳法测定 DNA 浓度；掌握分析电泳结果的方法。

二、实 验 原 理

1. 动物基因组 DNA 提取的原理

真核生物 DNA 以染色体形式存在于细胞核内，制备 DNA 的原则是既要将 DNA 与蛋白质、脂类和糖类等分离，又要保持 DNA 分子的完整。提取 DNA 的一般过程是将分散好的组织细胞在含 SDS 和蛋白酶 K 的溶液中消化分解蛋白质，再用酚和三氯甲烷/异戊醇抽提分离蛋白质，得到的 DNA 溶液经乙醇沉淀使 DNA 从溶液中析出。蛋白酶 K 的重要特性是能在 SDS 和 EDTA 存在下保持很高的活力。在匀浆后提取 DNA 的反应体系中，SDS 可破坏细胞膜、核膜，并使组蛋白与 DNA 分离；EDTA 则抑制细胞中 DNA 酶（DNase）的活力；而蛋白酶 K 可将蛋白质降解成小肽或氨基酸，使 DNA 分子完整地分离出来。

2. 植物基因组 DNA 提取的原理

利用液氮对植物组织进行研磨，从而破碎细胞壁。细胞提取液中含有溴化十六烷基三甲胺（cetyltriethyl ammnonium bromide，CTAB；一种去污剂），能溶解膜蛋白破碎细胞膜。缓冲液中的 EDTA 可以抑制 DNA 酶的活力，CTAB 能与核酸形成复合物，在高盐溶液中可溶且稳定存在。用有机溶剂三氯甲烷和异戊醇的混合物抽提剩余的蛋白质，大多数蛋白质将变性，并进入有机相或沉淀在有机相和水相的交界处，透明的水相中包含着 DNA。将水相全部转移，加入乙醇后，DNA 将成为白色纤维状物从水相中沉淀下来。用缓冲液重新溶解 DNA，并加入经预处理过的 RNase A，除去其中含有的 RNA。

3. 细菌质粒 DNA 提取的原理

　　碱裂解法提取质粒是根据共价闭合环状质粒 DNA 在拓扑学上的差异来分离它们。在 pH 12.0～12.5 这个狭窄的范围内，线性 DNA 双螺旋结构解开而被变性，尽管在这样的条件下，共价闭环质粒 DNA 的氢键会断裂，但两条互补链彼此相互盘绕，仍会紧密地结合在一起。当加入 pH 4.8 的乙酸钾高盐缓冲液恢复 pH 至中性时，共价闭合环状质粒 DNA 的两条互补链仍保持在一起，因此复性迅速而准确，而线性 DNA 的两条互补链彼此已完全分开，复性就不会那么迅速而准确，它们缠绕形成网状结构，通过离心，染色体 DNA 与不稳定的大分子 RNA，蛋白质-SDS 复合物等一起沉淀下来而被除去。

4. 紫外分光光度法测定 DNA 浓度的原理

　　双链 DNA 含氮碱基在波长 260 nm 处有一最大吸收值，因此吸光率可用来测定 DNA 浓度。在 $A_{260}<2$ 的情况下，DNA 的浓度和 A_{260} 存在线性关系，1 OD 值的光密度相当于双链 DNA 浓度为 50 μg/mL，可以此来计算 DNA 样品的浓度。RNA、蛋白质、去污剂、有机溶剂等在 260 nm 波长下也会影响到吸光率。由于 DNA 和蛋白质的最大吸光率分别是在波长 260 nm 和 280 nm，因此通过计算 A_{260}/A_{280}，可以近似地衡量 DNA 受蛋白质污染的情况。A_{260}/A_{280} 应在 1.65～1.85，若偏高，则表明 RNA 未除干净；若偏低，则表明蛋白质未除干净（参考第二章）。

5. 琼脂糖凝胶电泳的原理

　　琼脂糖凝胶电泳是用琼脂糖作为支持介质的一种电泳方法。它兼有"分子筛"和"电泳"的双重作用。琼脂糖凝胶具有网络结构，物质分子通过时会受到阻力，大分子物质在泳动时受到的阻力大，因此在凝胶电泳中，带电颗粒的分离不仅取决于净电荷的性质和数量，还取决于分子大小，这就大大提高了分辨能力。DNA 分子在高于等电点的 pH 溶液中带负电荷，在电场中向正极移动。由于糖-磷酸骨架在结构上的重复性质，相同数量的双链 DNA 几乎具有等量的净电荷，因此它们能以同样的速率向正极方向移动（参考第四章）。

三、仪器、试剂与材料

1. 仪器

　　紫外分光光度计、台式高速离心机、电泳仪、电泳槽、恒温培养箱、分析天平、摇床、紫外透射仪、恒温水浴锅、移液枪、陶瓷研钵、手术剪刀、手术剪刀、酒精灯、离心管、枪头、乳胶手套等。

2. 试剂

Tris、EDTA、CTAB、三氯甲烷、异戊醇、氯化钠、β-巯基乙醇、乙醇、乙酸铵、液氨、Tris 饱和酚、异丙醇、70%乙醇、蛋白酶 K、RNA 酶、1 × TBE 电泳缓冲液、6 × 蔗糖上样缓冲液、溴化乙啶溶液、琼脂糖凝胶、DL 5000 分子量标记、2% CTAB 提取液、三氯甲烷：异戊醇（*V/V* 为 24：1）、7.5 mol/L 乙酸铵、TE 缓冲液、溶液 I（GET）、溶液 II（裂解液）、溶液 III（乙酸钾）、LB 液体培养基、LB 固体培养基、氨苄青霉素等。

3. 材料

植物幼嫩组织、猪冷冻肌肉组织、有重组质粒的大肠杆菌（DH5α）。

四、实验内容及步骤

1. 动物基因组 DNA 提取

1）用手术剪刀剪取猪冷冻肌肉组织 0.2～0.5 g 于 1.5 mL 离心管中。

2）立即加入 700 μL STE 液（含 RNA 酶），同时加入 77 μL 10%（*m/V*）SDS（总体积 1/10），用手术剪刀剪碎组织样品。

3）加入 16 μL 蛋白酶 K（20 mg/mL），指弹混匀。

4）56℃消化 8 h 以上，直到肌肉组织颗粒消化完毕。

5）加 700 μL Tris 饱和酚，置脱色摇床抽提 2 h。

6）8000 r/min 离心 5 min，取上清液于另一 1.5 mL 离心管中。

7）加 700 μL 酚-三氯甲烷（*m/V* 为 1：1）于离心管中，置于脱色摇床抽提 1 h。

8）8000 r/min 离心 5 min，取上清液于另一 1.5 mL 离心管中。

9）加 700 μL 三氯甲烷-异戊醇（*V/V* 为 24：1），置于脱色摇床抽提 1 h。

10）8000 r/min 离心 5 min，取上清液于另一 1.5 mL 离心管中。

11）加 750 μL 异丙醇充分摇匀沉淀 DNA。

12）8000 r/min 离心 3 min 沉淀 DNA。

13）倒掉上清液，加入 1 mL 70%冷乙醇指弹洗涤 DNA 沉淀。

14）12 000 r/min 离心 8 min 充分沉淀 DNA，倒掉上清液，室温自然干燥 DNA 沉淀。

15）待 DNA 沉淀完全干燥，加 200 μL TE 液溶解 DNA，4℃保存备用。

2. 植物基因组 DNA 提取

1）取 1 g 幼嫩的新鲜叶片，用剪刀剪成 1 cm 左右的小段，放入预先经过冷处理的研钵中，迅速在液氮中研磨成粉末状。

2）迅速将粉末转移到 1.5 mL 的 Eppendorf 管中，分别加入 1 mL CTAB 提取液，充分混匀，置于 65℃水浴中保温 1 h。

3）从水浴中取出离心管，12 000 r/min 离心 10 min，将上清液全部转移至另一新离心管中。

4）每管中加入所取上清液的 1/2 体积的三氯甲烷：异戊醇（V/V 为 24：1），轻缓地颠倒混匀，12 000 r/min 离心 5 min，上清液转至另一新离心管中。

5）每管中加入所取上清液的 1/10 体积的 7.5 mol/L 乙酸铵和与所取上清液等体积的冰的无水乙醇，轻轻颠倒混匀，放置在–20℃冰箱中 30 min 或在室温下过夜。

6）12 000 r/min 离心 15 min 获得 DNA 沉淀，冷的 70%乙醇洗涤两次，倒去乙醇，倒置自然风干。

7）加入 30 μL TE 缓冲液（含有 10 μg/mL RNase A）溶解 DNA，并贮存在 4℃冰箱中。

3. 质粒 DNA 的提取（碱法）

1）培养质粒。在 LB 固体培养基中，用灭菌枪头挑选含有重组质粒的大肠杆菌（DH5α）单克隆，接种到 3 mL 含有氨苄青霉素（50 μg/mL）的 LB 液体培养基中，37℃震荡培养 8~16 h。

2）取液体培养基 1.5 mL 于 1.5 mL 离心管中，12 000 r/min 离心 15 min，去上清液，加入 100 μL 含有 RNA 酶的溶液 I（GET），充分混匀后在室温下放置 15 min。

3）加入 200 μL 新配置的溶液 II（裂解液），立即颠倒 5~10 次，使细菌裂解，室温放置 2 min。

4）加入 350 μL 溶液Ⅲ（乙酸钾）溶液，颠倒 5~10 次，使其充分中和，室温放置 2 min。

5）用台式高速离心机，12 000 r/min 离心 5 min，将上清液移入另一 1.5 mL 离心管中。

6）加入 700 μL 酚-三氯甲烷溶液（1：1），震荡混匀，12 000 r/min 离心 5 min，取上层液至另一离心管中。

7）加入两倍体积的无水乙醇（约 1 mL），震荡混匀，在室温下静置 2 min，15 000 r/min 离心 8 min，弃上清液。

8）离心管中加入 1 mL 冷的 70%乙醇，用漩涡振荡器将沉淀悬浮洗涤 30 s，15 000 r/min 离心 5 min，弃上清液。

9）在室温下使沉淀自然干燥（约 30 min）。

10）待沉淀完全干燥后，加入 25 μL TE 缓冲液或灭菌蒸馏水溶解沉淀，4℃保存。

4. 紫外分光光度法测定 DNA 含量

1）吸取 2 μL DNA 样品，加水至 2 mL，混匀后，转入石英比色皿中。

2）紫外分光光度计先用 2 mL 纯水校正零点。

3）在 260 nm 和 280 nm 分别读出光密度，DNA 样品的浓度：

DNA 样品浓度（μg/μL）= $OD_{260}×$ 核酸稀释浓度× 50/1000

5. 琼脂糖凝胶电泳检测

1）1%（m/V）琼脂糖凝胶的配制。称取 1 g 琼脂糖，置于三角瓶中，加入 100 mL TBE 工作液，混匀后将该三角瓶置于微波炉中加热煮沸至完全融化，室温冷却至 60℃左右；倒入制胶盘内，插入制胶梳，室温静置 30 min。

2）点样。取 2 μL 提取的 DNA，与适量的上样缓冲液（含有核酸染料）混匀后，点入凝胶孔内，同时将 DNA 分子量标准 5 μL（DL 5000）点入凝胶空白孔（含有核酸染料）。[注：DL 5000 DNA 分子量标准分别是（由高到低）：5000 bp、3000 bp、2000 bp、1500 bp、1000 bp、750 bp、500 bp、250 bp 及 100 bp。

3）电泳。接通电源后，将电泳仪的电压调至 100 V，电泳 30～60 min。

4）观察和拍照。将凝胶从凝胶板上取下，放到紫外观察箱中，打开紫外灯观察，也可利用凝胶成像系统进行拍照。

五、实验结果及分析

将凝胶成像系统拍摄的照片打开，根据 DNA 分子量标准确定提取的基因组 DNA 或质粒 DNA 是否具有理想的纯度和相应的分子量。提取的基因组 DNA 应该只有一条清晰的主带且分子量在 20 kb 以上，无明显的其他 DNA 降解或弥散条带，加样孔内不能有明显条带。提取的质粒 DNA 电泳结果应是 3 条条带，其中一条大于理论分子量、一条与理论分子量一致，另一条小于理论分子量。

六、注 意 事 项

1）枪头、离心管要洁净、高温灭菌、干燥。

2）肌肉组织要尽量剪碎，吸取饱和酚溶液时要吸取下层液体。

3）提取质粒 DNA 时，必须挑选单菌落，不要接触到其他菌落；枪头放平，速度慢一些挑起单菌落，不要把固体培养基挑起。

4）要严格控制加入溶液 II、溶液 III 后的反应时间。

5）DNA 纯度 = OD_{260}/OD_{280}，DNA 纯制品的 OD_{260}/OD_{280} 为 1.8，而 RNA 纯制品的 OD_{260}/OD_{280} 为 2.0。若 OD_{260}/OD_{280} 高于 1.8，那么样品中可能有 RNA 的污染；若样品中蛋白质或酚的污染较严重时，则 OD_{260}/OD_{280} 低于 1.8。

6）琼脂糖倒入槽中的温度必须适宜。

七、思　考　题

1）简述植物基因组 DNA 提取中 CTAB 的作用。

2）分子量相同的质粒 DNA 电泳后，为什么会出现 3 条不同的条带？

3）解释必须挑选单菌落的原因。

实验二十五 RNA 的提取与检测

一、实验目的

掌握制备总 RNA 的实验技术；用紫外分光光度法检测 RNA 的纯度及定量；用琼脂糖电泳法检测 RNA 的完整性及质量。

二、实验原理

Trizol 是一种新型的总 RNA 即用型制备试剂，适用于从各种组织或细胞中快速分离总 RNA。Trizol 含有苯酚和异硫氰酸胍等物质，能迅速破碎细胞，抑制细胞释放出的核酸酶。在样品裂解或匀浆过程中，Trizol 能保持 RNA 的完整性。加入三氯甲烷后，溶液分为水相和有机相，RNA 在水相中。取出水相，用异丙醇可沉淀回收 RNA。

Trizol 试剂可用于小量样品（50～100 mg 组织、5×10^6 个细胞），也可用于大量样品（≥1 g 组织或 ≥ 10^7 个细胞），对人、动物、植物、细菌、血液提取都适用，可同时处理大量不同样品。1 h 内即可完成反应，提取的总 RNA 没有 DNA 和蛋白质污染，可用于后续实验分析等。

三、仪器、试剂与材料

1. 仪器

恒温水浴锅、分析天平、台式高速离心机、紫外分光光度计、琼脂糖凝胶电泳系统、紫外透射仪、移液枪、研钵、离心管架、摇床、匀浆器、离心管、枪头、乳胶手套、剪刀、烧杯、量筒、纱布、300 目尼龙网、注射器、滤膜等。

2. 试剂

1）0.1% DEPC（焦碳酸二乙酯，diethyl pyrocarbonate）水。1 mL DEPC 加入 900 mL 双蒸水，定容至 1000 mL 混匀，室温密封保存。

2）无 RNase 水。0.1% DEPC 水，37℃过夜，高压 20 min，去除 DEPC。

3）5 × TBE 缓冲液。0.45 mol/L Tris-硼酸（含 0.01 mol/L EDTA）。54 g Tris，

27 g 硼酸,20 mL 0.5 mol/L EDTA(pH 8.0),用双蒸水或无 RNase 水定容至 1000 mL,室温保存,用时 10 倍稀释。

　　4)琼脂糖。

　　5)Trizol 试剂。

3. 材料

　　动物新鲜组织。

四、实验内容及步骤

1. RNA 组织样本制备

　　1)小鼠脊椎脱臼法处死。

　　2)迅速分离肝组织样品。肝组织样品可立即用于制备 RNA 或超低温(-80℃或液氮中)保存。

　　3)将 1 g 肝组织在液氮预冷的研钵中研磨,期间不断加入液氮;直至研磨成粉末状(无明显可见的颗粒,如果没有研磨彻底,会影响 RNA 的收率和质量)。

　　4)将组织粉末一点一点地加入盛有 10 倍体积 Trizol 的玻璃匀浆器中。 每50~100 mg 组织加 1 mL Trizol(从 1~10 mg 的少量的组织中分离 RNA 样品,往组织中加入 800 μL Trizol)。

　　5)将匀浆器置于冰浴中进行匀浆(匀浆时组织样品容积不能超过 Trizol 容积的 10%)。直至匀浆液呈无颗粒透明状。

　　6)将匀浆液转移到离心管中,室温静置 5 min(以使核蛋白体完全分解)。

　　7)4℃,12 000 g 离心 5 min。

　　8)小心吸取上清液,转移到新的离心管中。切勿吸取沉淀,沉淀中含有细胞膜、多糖及高分子量 DNA。在匀化后和加入三氯甲烷之前,样品可以在-70~-60℃保存至少一个月。

　　注意:RNA 在 Trizol 试剂中不会被 RNase 污染,但在三氯甲烷分相后的上清中已经没有了 RNase 的抑制剂,所以分相后的所有操作要特别小心,保证使用的离心管和枪头都是无 RNase 的。

2. RNA 提取

(1)细胞变性(提取目的细胞 RNA)

　　取培养好的细胞,倒掉培养液,直接于培养瓶(50 mL)中加入冰 PBS(4℃)

小心冲洗细胞 3 遍，然后加入 1 mL Trizol 试剂，用移液枪反复抽吸 7~8 次，至液体澄清且无细胞团块。将悬液移入一经 DEPC 水处理过的无 RNA 酶的 Eppendorf 管内，颠倒混匀 10 下，于 15~30℃下孵育 5 min。

（2）分相

加入 0.2 mL 三氯甲烷，盖紧盖子，用力震荡 15 s，15~30℃温育 15 min。在 4℃下 12 000 g 离心 15 min；将液体分三层，其中上层为水样 RNA 层，约 60% 体积。

（3）沉淀 RNA

将上层水相 RNA 小心移入新的 Eppendorf 管，加入 0.5 mL 异丙醇，充分混匀，于 15~30℃温育 10 min，在 4℃下 12 000 g 离心 10 min，隐约可见白色小丸状沉淀。

（4）洗涤 RNA

弃上清液，注意防止沉淀丢失，加 1 mL 无 RNase 的 75%乙醇混匀，轻弹管壁使沉淀分散(RNA 沉淀溶于 75%乙醇在 2~8℃至少可以保存一周,在−20~−5℃下至少可保存一年)。4℃，7500 g 离心 5 min。小心弃上清液，室温干燥 5 min（勿全干，否则 RNA 难溶）。

（5）溶解 RNA

加 0.1%DEPC 灭菌的无 RNase 水 20 μL，55~60℃温育 10 min 以完全溶解 RNA，瞬时离心，取 5 μL 进行鉴定，剩余−70℃冻存备用。

3. RNA 浓度及纯度检测

1）预热紫外分光光度计并调制好各项参数。
2）用无 RNase 水 1000 μL 调零。
3）取 RNA 样品 1 μL 加入无 RNase 水 1000 μL，混匀。
4）读取 OD$_{260}$、OD$_{280}$。
5）以 OD$_{260}$/OD$_{280}$ 判断 RNA 纯度。比值应均在 1.7 以上，才表明提取的 RNA 较纯，没有蛋白质混入。
6）根据稀释情况得出实际的 RNA 浓度，重复三次以上，取平均值。
RNA 浓度计算公式：
$$RNA 浓度 = OD_{260} \times 40\ \mu g/mL \times 稀释倍数$$
每毫克肝组织预期的 RNA 产量为 6~10 μg。

4. RNA 的完整性检测——采用水平式琼脂糖凝胶电泳

1）组装制胶膜：①电泳槽去污剂洗净后乙醇干燥；②再依次经 3% H_2O_2 和 0.1% DEPC 水浸泡冲洗后作为 RNA 专用电泳槽；③组装制胶膜，调节点样梳，调节梳齿与胶膜底面的距离，保持 0.5～1.0 mm。

2）制备琼脂糖凝胶（同实验二十四）。

3）加电泳缓冲液（0.5×TBE 缓冲液）：高出凝胶表面 1 mm。

4）拔梳子。

5）加样：混合 3 μL RNA 与 2 μL 上样缓冲液，混匀，点样。

6）电泳：100 V，电泳 30 min，用凝胶照相系统观察凝胶，用分析软件对 RNA 条带进行密度扫描分析。完整的 RNA 28S 与 18S 荧光强度比为 2：1。

五、实验结果及分析

电泳后判断是否发现 3 条明显的条带，并结合以 OD_{260}/OD_{280} 判断 RNA 纯度。比值应均在 1.7 以上，才表明提取的 RNA 较纯，没有蛋白质混入。

六、注 意 事 项

1. 防止 RNA 酶污染的措施

1）所有的玻璃器皿均应在使用前于 180℃的高温下干烤 6 h 或更长时间。

2）塑料器皿可用 0.1% DEPC 水浸泡或用三氯甲烷冲洗（注意：有机玻璃器具因会被三氯甲烷腐蚀，故不能使用）。

3）有机玻璃的电泳槽等，可先用去污剂洗涤，双蒸水冲洗，乙醇干燥，再浸泡在 3% H_2O_2 室温 10 min，然后用 0.1% DEPC 水冲洗，晾干。

4）配制的溶液应尽可能地用 0.1% DEPC，在 37℃处理 12 h 以上。然后用高压灭菌除去残留的 DEPC。不能高压灭菌的试剂，应当用 DEPC 处理过的无菌双蒸水配制，然后经 0.22 μm 滤膜过滤除菌。

5）操作人员戴一次性口罩、帽子、手套，实验过程中手套要勤换。

6）设置 RNA 操作专用实验室，所有器械等应为专用。

7）DEPC 能与氨基和巯基反应，因而含 Tris 和 DTT 的试剂不能用 DEPC 处理。

2. 常用的 RNA 酶抑制剂

1）DEPC 是一种强烈但不彻底的 RNA 酶抑制剂。它通过和 RNA 酶的活力基团组氨酸的咪唑环结合使蛋白质变性，从而抑制酶的活力。

2）异硫氰酸胍目前被认为是最有效的 RNA 酶抑制剂，它在裂解组织的同时也使 RNA 酶失活。它既可破坏细胞结构使核酸从核蛋白中解离出来，又对 RNA 酶有强烈的变性作用。

3）氧钒核糖核苷复合物是由氧化钒离子和核苷形成的复合物，它和 RNA 酶结合形成过渡态类物质，几乎能完全抑制 RNA 酶的活力。

4）RNA 酶的蛋白抑制剂（RNasin）是从大鼠肝或人胎盘中提取得来的酸性糖蛋白。RNasin 是 RNA 酶的一种非竞争性抑制剂，可以和多种 RNA 酶结合，使其失活。

5）其他。SDS、尿素、硅藻土等对 RNA 酶也有一定的抑制作用。因为 DEPC 不加选择的修饰蛋白质和 RNA，因此在分离和纯化 RNA 过程中不能使用，而且它与一些缓冲液（如 Tris）不能相容在所有 RNA 实验中，最关键的因素是分离得到全长的 RNA。而实验失败的主要原因是核糖核酸酶的污染。

七、思　考　题

简述总 RNA 提取过程中必须注意哪些事项？

实验二十六　PCR 扩增 DNA 技术

一、实 验 目 的

掌握 PCR 原理；学习 PCR 操作过程。

二、实 验 原 理

PCR 是一种体外核酸扩增系统，是分子克隆技术中的常用技术之一。DNA 在高温时变性会变成单链，低温时引物与单链按碱基互补配对的原则结合，再升温至 DNA 聚合酶最适反应温度（72℃左右），DNA 聚合酶沿着磷酸到五碳糖（$5' \rightarrow 3'$）的方向合成互补 DNA 链。通常，PCR 由变性-退火-延伸三个基本反应步骤构成。①模板 DNA 的变性：模板 DNA 加热至约 94℃一定时间后，模板 DNA 双链解离成为单链，以便它与引物结合，为下轮反应做准备；②模板单链 DNA 与引物的退火（复性）：加热变性后的单链 DNA 模板，在温度降至 50～55℃与引物的互补序列配对结合形成短的双链；③引物的延伸：DNA 模板-引物结合物在 72℃、DNA 聚合酶（如 Taq DNA 聚合酶）的作用下，以 dNTP 为反应原料，按碱基互补配对与半保留复制原理，合成一条新的与模板 DNA 链互补的半保留复制链。重复循环变性-退火-延伸三过程就可获得更多的"半保留复制链"，而且这种新链又可成为下次循环的模板。每完成一个循环需 2～4 min，2～3 h 就能将目标基因扩增数百万倍。

三、仪器、试剂与材料

1. 仪器

PCR 扩增仪、电泳仪、水平电泳槽、台式高速离心机、紫外分析仪、恒温水浴锅、凝胶成像系统等。

2. 试剂

1）Taq DNA 聚合酶。

2）10× 反应缓冲液（含 25 mmol $MgCl_2$）。

3）dNTP。

4）上游引物、下游引物。

5）溴化乙啶染色液（EB）。10 mg/mL 溴化乙啶。

6）点样缓冲液（10×）。0.25%（m/V）溴酚蓝，40%（V/V）甘油。

3. 材料

模板 DNA。

四、实验内容及步骤

1. PCR 反应混合物

按表 1 顺序配制 PCR 反应混合物，总体积为 25 μL；参照奥斯伯等（2008）的方法并加以改进。

表 1　PCR 反应混合物的配制

	1 ×/μL	2 ×/μL	5 ×/μL	备注
蒸馏水	16.8	33.6	84	按每管 23 μL 分装后，分别加模板 DNA 2 μL（约 30 ng）。最后每管加一滴石蜡油覆盖反应混合物，防止液体挥发
10 × Buffer	2.5	5	12.5	
Mg^{2+}（25 mmol/L）	1.5	3	7.5	
上游引物（10 nmol/L）	0.75	1.5	3.75	
下游引物（10 nmol/L）	0.75	1.5	3.75	
dNTP（10 mmol/L）	0.5	1	2.5	
Tag（5 U/μL）	0.2	0.4	1	
合计	23	46	115	

2. PCR 反应条件

预变性 94℃ 3 min，变性 94℃ 45 s，退火 56℃ 45 s，延伸 72℃ 45 s，从变性到延伸重复 35 次，后延伸 72℃ 5 min。

3. 琼脂糖凝胶电泳检测

1）1.2%（m/V）琼脂糖凝胶的配制与制胶。称取 1.2 g 琼脂糖，置于三角瓶中，加入 100 mL TBE 工作液，混匀后将该三角瓶置于微波炉加热煮沸 10 s，加入 20 μL（约一滴）溴化乙啶（1 mg/mL），混匀后室温降温至 70℃ 左右。用挡板封住胶板，在固定位置上放上梳子，将凝胶缓慢倒入胶板，室温下静止 30 min 左右，待凝胶凝固后，轻轻拔出梳子，拔掉挡板，将凝胶板放入含有 TBE 缓冲液的电泳槽中。

　　2）点样。取 2 μL PCR 产物，与适量的溴酚蓝（样品的 1/5）混匀后，点入凝胶孔内。同时将分子量标记 2 μL 也点入凝胶第一孔位置内。

　　3）电泳与拍照。

五、实验结果及分析

　　特异性扩增，条带明亮专一，无拖带拖尾，无引物带。

六、注 意 事 项

　　1）引物设计应具有特异性，依靠引物设计软件进行引物设计；引物分装成多管，不宜反复冻融多次。

　　2）PCR 反应的各种成分不能遗漏，操作应戴手套，冰上操作。

　　3）根据引物的 T_m 值、扩增片段的长度及 PCR 仪的特性来设定 PCR 循环条件。

　　4）注意分析电泳检测 PCR 产物时出现拖带或非特异性扩增带、无 DNA 带或 DNA 带很弱的可能原因。

　　5）PCR 各组分的配制与加样量要特别注意。

　　引物浓度。10 pmol 足够 30 个循环，浓度太高导致与模板非特异结合增强，扩增非特异片段增多；浓度太低则扩增效率低。

　　引物的配制。厂家提供的引物一般是干粉状态并标明 OD 值，1 OD 约含 33 μg。开盖前先将干粉离心至管底，加双蒸水至浓度 2 μg/μL，再取部分稀释至 10 pmol/L。

　　6）扩增轮数与退火温度。

　　扩增轮数。一般 30 轮以内就可使模板扩增 10^6 倍，超过 30 轮，错配率升高。

　　退火温度计算公式：

$$T_m = （GC \times 4 + AT \times 2）-4$$

七、思 考 题

简述 PCR 实验技术的基本原理。

参 考 文 献

奥斯伯等(主编); 金由辛, 包慧中, 赵丽云, 等(译校). 2008. 精编分子生物学实验指南(第五版)[M]. 北京: 科学出版社: 108.

常景玲. 2012. 生物工程实验技术[M]. 北京: 科学出版社: 1-2, 40-42.

陈钧辉, 李俊. 2014. 生物化学实验(第五版)[M]. 北京: 科学出版社: 16-18.

陈毓荃. 2002. 生物化学实验方法和技术[M]. 北京: 科学出版社: 3-24.

郭小华, 梁晓声, 汪文俊. 2016. 生物工程实验模块指导教程[M]. 武汉: 华中科技大学出版社: 143-151.

贾士儒. 2010. 生物工程专业实验(第二版)[M]. 北京: 中国轻工出版社: 1-5.

栾雨时, 包永明. 2005. 生物工程实验技术手册[M]. 北京: 化学工业出版社: 381-410.

沈萍, 陈向东. 2015. 微生物学实验(第 4 版)[M]. 北京: 高等教育出版社: 42-272.

王崇英, 高清祥. 2011. 细胞生物学实验(第 3 版)[M]. 北京: 高等教育出版社: 7-18.

王祎玲, 段江燕. 2017. 生物工程实验指导[M]. 北京: 科学出版社: 50.

杨汉民. 2008. 细胞生物学实验(第二版)[M]. 北京: 高等教育出版社: 11-48.

杨忠华, 左振宇. 2013. 生物工程专业实验[M]. 北京: 化学工业出版社: 118-120.

赵刚, 刘江东. 2012. 医学细胞生物学实验教程(第二版)[M]. 北京: 科学出版社: 17.

Berg J M, Tymoczko J L, Gatto G J, et al. 2015. Biochemistry (8th Edition)[M]. New York: W H Freeman & Co.

Krebs J E, Goldstein E S, Kilpatrick S T. 2018. Lewin's Genes XII (12th Edition) [M]. New York: Jones & Bartlett Publishers, Inc.

Liu S J, Song S H, Wang W Q, et al. 2015. De novo assembly and characterization of germinating lettuce seed transcriptome using Illumina paired-end sequencing[J]. Plant Physiology and Biochemistry, 96: 154-162.

Liu S J, Xu H H, Wang W Q, et al. 2015. A proteomic analysis of rice seed germination as affected by high temperature and ABA treatment[J]. Physiologia Plantrum, 154: 142-161.

Liu S J, Xu H H, Wang W Q, et al. 2016. Identification of embryo proteins associated with seed germination and seedling establishment in germinating rice seeds[J]. Journal of Plant Physiology, 196: 79-92.

Liu Y B, Zhang Y X, Song S Q, et al. 2015. A proteomic analysis of seeds from Bt-transgenic *Brassica napus* and hybrids with wild *B. juncea*[J]. Scientific Reports, 5: 15480, doi: 10.1038/srep15480.

Wang W Q, Liu S J, Song S Q, et al. 2015. Proteomics of seed development, desiccation tolerance, germination and vigor[J]. Plant Physiology and Biochemistry, 86: 1-15.

Wang W Q, Song B Y, Deng Z J, et al. 2015. Proteomic analysis of *Lactuca sativa* seed germination and thermoinhibition by sampling of individual seeds at germination and removal of storage proteins by PEG fractionation[J]. Plant Physiology, 167: 1332-1350.

Wang W Q, Wang Y, Zhang Q, et al. 2018. Changes in the mitochondrial proteome of developing maize seed embryos[J]. Physiologia Plantarum, 163: 552-572.

Wang W Q, Ye J Q, Rogowska-Wrzesinska A, et al. 2014. Proteomic comparison between maturation drying and prematurely imposed drying of *Zea mayz* seeds reveals a potential role of maturation drying in preparing proteins for seed germination, seedling vigor, and pathogen resistance[J]. Journal of Proteome Research, 13: 606-626.

Xu H H, Liu S J, Song S H, et al. 2016. Proteome changes associated with dormancy release of Dongxiang wild rice seeds[J]. Journal of Plant Physiology, 206: 68-86.

Xu H H, Liu S J, Song S H, et al. 2016. Proteomics analysis reveals distinct involvement of embryo and endosperm proteins during seed germination in dormant and non-dormant rice seeds[J]. Plant Physiology and Biochemistry, 103: 219-242.

Zhang H, Wang W Q, Liu S J, et al. 2015. Proteome analysis of poplar seed vigor[J]. PLoS One, 10 (7): e0132509, doi: 10.1371/journal.pone.0132509.

Zhang H, Zhou K X, Wang W Q, et al. 2017. Proteome analysis reveals an energy-dependent central process for poplar seed germination[J]. Journal of Plant Physiology, 213: 134-147.

Zhang Y X, Xu H H, Liu S J, et al. 2016. Proteomic analysis reveals different involvement of embryo and endosperm proteins during aging of Yliangyou 2 hybrid rice seeds[J]. Frontiers in Plant Science, 7: 1394, doi: 10.3389/fpls.2016.01394

附录 1　实验室要求与规范

一、实验室要求

1）实验前必须认真预习实验内容，明确实验目的和要求，掌握实验原理，写好实验预习报告。

2）实验时自觉遵守实验室纪律，保持室内安静，手机关机或静音，不需要计时时不要拿出手机，不大声说笑和喧哗。

3）实验过程中要认真按照实验步骤和操作规程进行实验，若想改进和设计新的实验方法，应与教师讨论后确定。认真、简要、准确记录实验数据，养成良好的实验习惯和实事求是的学风，实验完毕及时整理数据，按时上交实验报告。

4）保持实验台面、称量台、药品架、水池及各种实验仪器内外清洁整齐；不要乱放、乱扔，仪器和试剂药品放置要井然有序。药品称完后立即盖好瓶盖放回药品架，严禁瓶盖及药勺混杂，切勿使药品（尤其是 NaOH）洒落在天平和实验台面上；不得将器皿遗弃在分光光度计内和其他实验台面上；及时洗净并放好各种玻璃仪器；毛刷用后须立即放好，各种器皿不得丢弃在水池内。

5）使用药品、试剂和各种器材都必须节省，按实际使用量配制，不得浪费；多余的药品、试剂和各种器材按要求回收；昂贵的、可重复使用的 Sephadex、Sepharose 凝胶和 DEAE 纤维素等，用后须及时回收。

6）配制的试剂和保存在冰箱中的各种样品，必须贴上标签，写明名称、浓度、配制者姓名和日期等。放在冰箱中的易挥发溶液和酸性溶液，必须严密封口。

7）废弃物要实行分类处理，普通废弃液可倒入水槽，强酸强碱必须倒入废液缸或稀释后排放。强腐蚀性废弃试剂药品、电泳后的凝胶和各种废物不得倒入水池，只能倒入废物桶。

8）实验室内一切物品，未经本室教师许可，严禁携带出室外，借物时必须办理登记手续。

9）使用贵重精密仪器应严格遵守操作规程。使用分光光度计时不得将溶液洒在仪器内外和地面上。使用高速冷冻离心机和 HPLC 等大型仪器须经过培训、考核。仪器发生故障应立即报告教师，未经许可不得擅自动手拆散和检修。

10）实验室内严禁吸烟、饮水和进食，严禁用嘴吸移液管和虹吸管。易燃液体不得接近明火和电炉。凡产生烟雾、有害气体和不良气味的实验，均应在通风条件下进行。

11）仪器损坏，要及时向教师报告，如实说明情况并自觉登记。

12）熟悉实验室内电闸的位置，干燥箱、水浴箱和电炉等用毕须立即断电，不得过夜使用，要严格遵守实验室安全用电规则和其他安全规则。

13）实验完毕，应各自将仪器清理放置，并整理好实验桌面上的物品。值日生要做好当日实验室的卫生和安全检查，离开实验室前必须检查并关好水、电、门、窗，严防安全隐患事故的发生。

14）欢迎学生对实验内容和安排提出改进意见，对实验结果进行分析和讨论，突出学生主体性，做到教学相长。

二、实验室安全及防护知识

实验室里存在着火、爆炸、中毒、触电和割伤的危险，因此必须有充分的安全意识、严格的防范措施和实用的救治知识，一旦发生意外能正确处置，以防事故扩大。

1. 着火

（1）实验室常见火源

经常使用电炉等火源。易燃性有机溶剂有甲醇、乙醇、丙酮、三氯甲烷等，极易发生着火事故（附表 1-1）。

附表 1-1　常用有机溶剂的易燃性

有机物	沸点/℃	闪点 [a]/℃	自燃点 [b]/℃
乙醚	34.5	-40	180
二硫化碳	46	-30	100
丙酮	56	-17	538
乙醇（95%）	78	12	400
苯	80	-11	—

a 闪点：液体表面的蒸汽和空气混合物在遇明火或火花时着火的最低温度。
b 自燃点：液体蒸汽在空气中自燃时的温度。

乙醚、二硫化碳、丙酮和苯不能保存在可能会产生电火花的普通冰箱内。低闪点液体的蒸汽只需接触红热物体的表面便会着火，其中二硫化碳尤其危险。

（2）预防火灾必须严格遵守的操作规程

1）严禁用明火加热有机溶剂，只能使用加热套或水浴加热。

2）废有机溶剂不得倒入废物桶，只能倒入回收瓶，集中处理。量少时用水稀释后排入下水道。

3）不得在干燥箱内存放、干燥、烘焙有机物。

4）在有明火的实验台面上不允许放置开口的有机溶剂或倾倒有机溶剂。

（3）灭火方法

1）容器中的易燃物着火时，用灭火毯盖灭。

2）乙醇、丙酮等可溶于水的有机溶剂着火时可以用水灭火。汽油、乙醚、甲苯等有机溶剂着火时不能用水，只能用灭火毯和沙土盖灭。

3）导线、电器和仪器着火时不能用水和二氧化碳灭火器灭火，应先切断电源，然后用 1211 灭火器（内装二氟一氯一溴甲烷）灭火。

4）个人衣服着火时，切勿慌张奔跑，应迅速脱衣，用水龙头浇水灭火，火势过大时可就地卧倒打滚压灭火焰。

2. 爆炸

（1）实验室常见爆炸物

生物工程专业实验室常用的易燃物蒸汽在空气中的爆炸极限（体积%）见附表 1-2。加热时会发生爆炸的混合物：浓硫酸-高锰酸钾、三氯甲烷-丙酮等。

附表 1-2　常用易燃物蒸气在空气中的爆炸极限

名称	爆炸极限/体积%	名称	爆炸极限/体积%
乙醚	1.9%～36.5%	丙酮	2.6%～13%
乙醇	3.3%～19%	甲醇	6.7%～36.5%
氢气	4.1%～74.2%	乙炔	3.0%～82%

（2）引起爆炸事故的原因

1）随意混合化学药品，并使其受热、摩擦和撞击。

2）在密闭的体系中进行蒸馏、回流等操作。

3）在加压或减压实验中使用了不耐压的玻璃仪器，或反应过于激烈而失去控制。

4）易燃易爆气体大量逸入室内。

5）高压气瓶减压阀摔坏或失灵。

（3）防燃防爆应急措施

1）操作时应严禁接近明火。

2）易燃易爆物品要严格保管，使用时一定要正确操作，决不能撞击、研磨。

3）实验室爆炸发生时，实验室负责人或安全员在其认为安全的情况下必须及时切断电源。

4）所有人员应听从临时召集人的安排，有组织的通过安全出口或用其他方法迅速撤离爆炸现场。

3. 中毒

（1）常见有毒物

化学致癌物：石棉、砷化物、铬酸盐等。

剧毒物：甲醇、氯化氢、氰化物、砷化物、乙腈、汞及其化合物等。

（2）中毒原因

不慎吸入、误食或由皮肤渗入。

（3）中毒的预防

1）使用有毒或刺激性气体时，必须佩戴防护眼镜，并在通风橱内进行。

2）取用毒品时必须佩戴乳胶手套。

3）严禁用嘴吸移液管，严禁在实验室内饮水、进食、吸烟，禁止赤膊和穿拖鞋。

4）不要用乙醇等有机溶剂擦洗溅洒在皮肤上的药品。

（4）中毒的急救方法

1）误食了酸和碱，不要催吐，可大量饮水；误食碱者再喝些牛奶；误食酸者，饮水后再服 $Mg(OH)_2$ 乳剂，最后饮些牛奶。

2）吸入了毒气，立即转移到室外，解开衣领，休克者应施以人工呼吸，但不要用口对口法。

3）砷和汞中毒者应立即送医院急救。

4. 外伤

（1）灼伤

1）眼睛灼伤或掉进异物。眼内若溅入化学药品，立即用大量水冲洗 15 min。若有玻璃碎片进入眼内，不可自取，不可转动眼球，可任其流泪，若碎片不出来，则用纱布轻轻包住眼睛送医院处理。若有木屑、尘粒等异物进入，可由他人翻开眼睑，用消毒棉签轻轻取出或任其流泪，待异物排出后再滴几滴鱼肝油。

2）皮肤灼伤。① 酸灼伤：先用大量水洗，再用稀 $NaHCO_3$ 或稀氨水浸洗，最后再用水洗。② 碱灼伤：先用大量水冲洗，再用 1%硼酸或 2%乙酸浸洗，最后再用水洗。③ 溴灼伤：立即用 20%硫代硫酸钠冲洗，再用大量水冲洗，包上消毒纱布后就医。

（2）烫伤

在实验室里发生烫伤时，应立即用冰块冷敷或用大量水冲洗；轻度烫伤可涂抹鱼肝油和烫伤膏等。若起水泡不可挑破，包上纱布后就医。

（3）割伤

向橡皮塞中插入温度计、玻璃管时一定要用水或甘油润滑，用布包住玻璃管轻轻旋入。若发生严重割伤时要立即包扎止血，随即就医。

5. 触电及电器着水

（1）防止触电

1）不能用湿手接触电器。
2）电线裸露部分应该用绝缘胶布缠紧。
3）先连接仪器再插接电源，反之先关电源再断开仪器。
4）有人触电要先切断电源再救人。

（2）防止电器着火

1）干燥箱、电炉等设备不可过夜使用。
2）仪器长时间不用要拔下电源插头。
3）生锈的电器、接触不良的插座要及时处理。
4）电器、电线着火时不能用泡沫灭火器灭火。

三、学生实验行为规范

为保证实验课的正常秩序，培养学生良好的实验习惯，特规定学生平时实验成绩总分为 10 分，扣除满 10 分者，视该实验成绩为不及格，具体制定以下规定。
1）实验课迟到或早退者每次扣 1 分。
2）无故缺席实验者每次扣 3 分。
3）不写实验预习报告只复制指导教师的电子教案者，扣 2 分。
4）不写实验原始记录者，扣 1 分。
5）实验结束后，不将使用的玻璃仪器冲洗干净者，扣 1 分。
6）向水池扔有堵塞下水道的废物者，扣 2 分，要求负责疏通，费用自理。
7）未按要求操作造成仪器设备损坏者，根据损坏情况扣 2～5 分并赔偿仪器损坏造成的相应损失。

8）使用酒精灯、电炉等不注意造成实验台面烫伤或使用强酸、强碱等溶液腐蚀实验台面者；使用分光光度计时，将比色皿放在仪器台面上，使台面腐蚀、污染者；均扣 5 分并赔偿壹佰元。

9）使用仪器后不填写仪器使用记录者，扣 1 分。

10）不参加实验室布置的大扫除或值日生工作不认真者，不整理实验所使用的仪器和实验台面者扣 1 分；不参加值日生工作着，扣 2 分。

11）实验操作过程中，不按操作要求移取公用试剂造成试剂污染，影响自己和别人实验结果者，扣 5 分并赔偿相应试剂费用。

12）实验课堂中接听手机或手机铃声发生响动者，扣 1 分。

13）不参加实验中心布置的实践教学活动者，扣 1 分。

14）未接受实验室安全、节约、环保教育或实验安全等考试不合格者，禁止上实验课。

15）其他违反实验室有关规定者，根据实际情况做出相应的处理。

16）实验习惯表现突出者给予 1～5 分奖励。

四、实 验 记 录

实验记录是实验内容的主要组成部分，是实验过程中有关实验方案、步骤、结果、分析的各种文字、数据、图表、音像等原始资料。实验记录是追溯实验数据的直接证据，是进行实验归纳和总结的依据，它有助于实验者保持清醒的实验思路、抓住重要的实验现象、提高实验效率等。因此，做好实验记录能保证实验顺利进行。

1. 实验记录书写的基本要求

实验记录要完整地记录整个实验过程，包括实验方案、预实验、实验过程、实验结果及分析、实验注意事项等；实验记录要客观真实，实验怎么做的就怎么书写，有意无意造成的记录错误都会使实验记录的科学价值降低；实验记录要做到及时准确，在实验完成后应该立即进行记录，充分保证数据准确；实验记录要做到使用通用的专业词汇和语言，简明扼要、重点突出，具体要求如下。

1）实验原始记录须记载于正式实验记录本上，在规定时间内上交，以便老师评阅。

2）每次实验都有单独的实验记录本，每个实验记录本都有完整的需要记录的项目。

3）每次实验须按年、月、日顺序在实验记录本相关页码右上角或左上角记录实验日期和时间，也可记录实验条件，如天气、温度、湿度等。

4）字迹工整，采用规范的专业术语、计量单位及外文符号，英文缩写第一次出现时须注明全称及中文释名。使用蓝色或黑色钢笔、碳素笔记录，不得使用铅笔或易褪色的笔（如油笔等）记录。

5）实验记录需修改时，采用划线方式去掉原书写内容，但须保证仍可辨认，然后在修改处签字，避免随意涂抹或完全涂黑。空白处可标记"废"字或打叉。

6）实验记录中应如实记录实际所做的实验；实验结果、表格、图表和照片均应直接记录或订在实验记录本中，成为永久记录。

7）实验中使用的仪器的类型、试剂的规格，以及涉及的化学反应式、分子量、浓度等都应记录清楚。

8）若实验结果不佳，也需要记录详尽，以便从中吸取经验教训，提出改进，重新实验。

2. 实验记录的基本内容

（1）实验日期、地点

实验日期的记录是为了方便以后的查找，实验地点的记录可以提示具体实验操作环境，包括年、月、日和时间，环境条件（如温度、湿度等）。

（2）实验名称和实验目的

实验名称反映实验活动的主要内容，实验目的描述实验所达到的目的。

（3）实验原理

依据实验目的和内容，采取的合适的实验原理。

（4）实验材料

实验材料是对本次实验操作中所涉及的实验对象的来源、取材时间、特性、前处理方法、保存方式等，试剂的名称、批号、厂家、浓度、溶剂、配制方法、配制时间、保存条件等，细胞或细菌的名称、复苏、冻存、保存地点等，动物的品系、来源、年龄、性别、数量、重量等，以及其他需要说明的问题。

（5）实验方法和操作过程

真实、详细记录实验所使用的技术方法和完整的实验操作步骤。

（6）实验结果

准确、及时记录实验结果，包括原始实验数据、图片及实验过程中出现的异常情况。

（7）结果分析和讨论

详细记录实验结果，分析其可能产生的原因及解决方法。

（8）实验小结

实验结果简短的总结，包括主要结论、存在问题、改进方法和实验体会等，将有助于指导后续的实验。

3. 实验记录注意的问题

1）实验记录不允许隔天写及写在纸片上。

2）保持实验记录的真实性和完整性；记录时间（年、月、日）。

3）原始数据（包括图片）必须当天贴在相应实验结果栏里，不要保留在公共计算机里。

4）即便是阴性结果、甚至错误结果，也必须保留。不能仅记录符合主观想象的内容和自认为成功的实验结果，切不可对原始数据和图片进行任何修饰。

5）及时整理、分析数据，得出结论，按时上交。

4. 实验预习报告

实验开始前，老师布置学生预习相关实验，并要求上实验课时提交自己的预习报告。预习报告的目的是为了让学生在上实验课之前，熟透和理解实验目的、要求、原理、方法、材料、仪器及内容，并根据自己的理解简明扼要书写预习报告，报告应该包括实验名称、实验所要达到的目标、实验要准备什么，如实验原理、方法、材料设备等。

5. 实验报告

实验结束后，应及时将实验记录认真整理和总结，写书面实验报告。按照实验记录的基本要求、基本内容及注意事项，自行设计实验报告的格式。实验报告要求结构完整，字迹端正，条理清晰，数据真实可靠（不抄袭、不篡改），结果分析准确，按时上交。

附录 2　常用仪器的使用

一、吸量管的使用

1）用吸量管移取溶液时，如吸量管不干燥，应预先用所量取的溶液润洗 2～3 次，以确保所吸取的溶液浓度不变。

2）吸取溶液时，一般用右手大拇指、中指拿住管颈刻度线上方，把管尖插入溶液中。

3）左手拿吸耳球，先把球内空气压出，然后把吸耳球的尖端接在吸管口，慢慢松开手指，使溶液吸入管内。

4）当液面上升至刻度以上时，移开吸耳球，立即用右手食指按住管口，使吸管离开液面，此时吸管的末端仍靠在盛溶液的器皿内壁上。

5）略为放松食指或转动吸管，使液面平稳下降至溶液弯月面与刻度标线相切时，立即用右手食指压紧管口，取出吸管，插入接收容器中，管尖靠在接收容器内壁上，此时吸管应垂直并与接收容器成 15°夹角。松开手指让溶液自然流下，最后停留 3 秒钟（标有"吹"字的应吹出管尖残留液体）。

二、移液枪的使用

1. 调节量程

将移液枪的容量从大值调整到小值时，刚好就行；但从小值调整到大值时，就需要调超三分之一圈后再返回，这是因为计数器里面有一定的空隙，需要弥补。

该过程中，千万不要将按钮旋出量程，否则会卡住内部机械装置而损坏移液枪。

2. 装配枪头

将移液枪垂直插入枪头中，稍微用力左右微微转动即可使其紧密结合。切勿拿枪头使劲地在枪头盒子上敲击，以免导致移液枪的内部配件松散，或卡住刻度调节旋钮。

3. 转移液体

（1）预洗枪头

安装了新的枪头或增大容量值后，应该把需要转移的液体吸取、排放 2～3 次，让枪头内壁形成一道同质液膜，确保移液工作的精度和准度，使整个移液过程具有极高的重现性。其次，在吸取有机溶剂或高挥发液体时，挥发性气体会在白套筒室内形成负压，从而产生漏液的情况，这时需要预洗 4～6 次，让白套筒室内的气体达到饱和，负压就会自动消失。

（2）吸液

先将移液枪排放按钮按至第一停点，再将枪头垂直浸入液面，浸入的深度：P2、P10 小于或等于 1 mm，P20、P100、P200 小于或等于 2 mm，P1000 小于或等于 3 mm（浸入过深的话，液压会对吸液的精确度产生一定的影响；具体的浸入深度还应根据盛放液体的容器大小灵活掌握），平稳松开按钮，切记不能过快。吸取液体时，移液枪保持竖直状态。

（3）放液

枪头紧贴容器壁，先将排放按钮按至第一停点，略作停顿，再按至第二停点，以确保枪头内无残留液体。如果这样操作还有残留液体的话，应该更换枪头。

两种移液方法。一是前进移液法。吸液时用大拇指将按钮按至第一停点，然后慢慢松开按钮回原点。放液时将按钮按至第一停点排出液体，稍停片刻继续按至第二停点吹出残留液体。最后松开按钮。二是反向移液法（一般用于转移高黏液体、生物活性液体、易起泡液体或极微量的液体）。吸液时先将按钮按至第二停点，慢慢松开按钮至原点。放液时将按钮按至第一停点排出液体，保持按钮位于第一停点，弃掉有残留液体的枪头。

卸掉的枪头一定不能和新枪头混放，以免产生交叉污染。

4. 移液枪的放置

使用完毕，将移液枪竖直挂在枪架上。当枪头里有液体时，切勿将移液枪水平放置或倒置，以免液体倒流腐蚀活塞弹簧。

5. 移液枪的校准

在 20～25℃环境中，通过重复几次称量蒸馏水的方法校准移液枪。

三、精密 pH 计（PHS-3C 型）的使用

1. 开机前准备

1）电极梗旋入电极梗插座，调节电极夹到适当位置。

2）复合电极夹在电极夹上拉下电极前端的电极套。

3）用蒸馏水清洗电极，清洗后用滤纸吸干。

2. 开机

1）电源线插入电源插座。

2）按下电源开关，电源接通后，预热 30 min，接着进行标定。

3. 标定

仪器使用前，先要标定，一般来说，仪器在连续使用时，每天要标定一次。

1）在测量电极插座处拔去短路插座。

2）在测量电极插座处插上复合电极。

3）把选择开关旋钮调到 pH 档。

4）调节温度补偿旋钮，使旋钮白线对准溶液温度值。

5）把斜率调节旋钮顺时针旋到底（即调到 100% 位置）。

6）把清洗过的电极插入 pH = 6.86 的缓冲溶液中。

7）调节定位调节旋钮，使仪器显示读数与该缓冲溶液当时温度下的 pH 相一致。

8）用蒸馏水清洗电极后，再插入 pH = 4.00（或 pH = 9.18）的标准溶液中，调节斜率旋钮使仪器显示读数与该缓冲溶液当时温度下的 pH 一致。

9）重复 6）到 8）直至不用再调节定位或斜率调节旋钮为止。

10）仪器完成标定。

4. 测量 pH

经过标定的仪器，即可用来测定被测溶液，被测溶液与标定溶液温度相同与否，测量步骤也有所不同。

1）被测溶液与标定溶液温度相同时，测量步骤：①用蒸馏水清洗电极头部，用被测溶液清洗一次；②把电极浸入被测溶液中，用玻璃棒搅拌溶液，使溶液均匀，在显示屏上读出溶液的 pH。

2）被测溶液和标定溶液温度不相同时，测量步骤：①用被测溶液清洗电极头部一次；②用温度计测出被测溶液的温度；③调节"温度"调节旋钮，使白线对

准被测溶液的温度；④把电极插入被测溶液内，用玻璃棒搅拌溶液，使溶液均匀后读出该溶液的 pH。

四、离心机的使用

1. 平衡

1）接通台式天平电源，观察、调整水平仪气泡至中间位置。

2）打开开关，等出现"0.0 g"后，放小烧杯在天平上，清零。此时显示"0.0 g"。

3）将装有溶液（不超过 2/3 体积）、带盖、有记号或标签的离心管（盖子打开）放入小烧杯中，等数据稳定（显示"**.*g"）后，记录读数。配对的一对离心管质量应该相等，若不相等，则用长乳胶滴管向较轻的离心管中加入溶剂至相等。

4）注意所称量的物品质量应在天平的称量范围之内，不可过载使用，以免损坏天平。

2. 离心

1）安装好离心机转头。

2）打开离心机电源开关。

3）将已平衡的两只离心管对称放入离心机的转头中。

4）拧紧转头的盖子，盖好离心机盖。

5）设置离心参数。

6）启动离心。

7）离心结束后，离心机盖子会自动打开。

8）拧开转头盖，取出离心管。

9）使用完后让离心腔回到室温，并用软布将离心腔里的冷却水和污渍清理干净。

3. 注意事项

1）离心机必须放置在坚固水平的台面上；使用前应检查转子是否有伤痕、腐蚀等现象，离心管是否有裂纹、老化等现象。

2）开机前拧紧转头的螺帽，以免高速旋转的转头飞出造成事故。

3）离心管内盛放的溶液体积一般不超过 2/3。

4）平衡后的一对离心管必须对称放置，不能使转头在不平衡的状况下运行。

5）转速设定不得超过最高转速，以确保机器安全运转。

6）不得在机器运转过程中或转子未停稳的情况下打开盖门，以免发生事故。

7）需要冷冻离心时必须事先预冷。

8）使用结束后必须登记，注明使用情况。

4. 离心机（湘仪，H2050R）的操作

1）平衡。把小烧杯放在天平上，去皮；将装有溶液、带盖的离心管连同套管分别放入烧杯内称量，记录其质量；质量轻的离心管中需要添加溶剂，尽可能减少质量差，直到它们的质量相等（最大相差控制在 0.1 g 以内）。若只有 1 支样品管，可以在另一只离心管中装上等质量的水。拧紧离心管盖，用记号笔在离心管盖上做好标记。

2）将离心机平稳地放置在坚固的实验台面或地板上，打开电源开关，打开离心机盖，按要求牢固地装上所需的转头。

3）将已平衡好的两支离心管对称放入离心机的转头中；拧紧转头的盖子，关闭离心机盖。

4）按 SET 键，当"转子型号"后的数字闪烁时，按"增加""减少"按钮设置转子型号 8；按 SET 键，当"速度（SPEED）"后的数字闪烁时，按"增加""减少"按钮设置转速；按 SET 键，当"时间（TIME）"后的数字闪烁时，设置离心时间；按 SET 键，当"温度（TEMP）"后的数字闪烁时，设置离心温度；按 SET 键，当"加速（ACC）"档位后的数字闪烁时，设置 5 档加速；按 SET 键，当"减速（DEC）"档位后的数字闪烁时，设置 5 档减速。设置完成之后，按"ENTER"键确认。

如果经常使用这一组离心参数，可将之设为"程序（PROG）1"，以方便调用。控制面板上还有一个"PULSE（脉冲）"点动按钮，按下该按钮离心机快速运转，松开该按钮离心机自动停止，一般在需要瞬时离心时采用。

5）按启动键启动离心。离心机将按设定的参数运行，到预定时间自动停机。

6）当转速显示 0 r/min 时，按"STOP"键打开离心机盖。

7）拧开转头盖子，取出离心样品，用柔软干净的布擦净转头和内壁，待离心机腔内温度恢复至室温后方可盖上机盖。关闭电源，拔下插头。

8）每天最后一次使用完后应该将转子取出；长时间不用时应该用中性洗涤液清洁、擦干后存放于干燥通风处。

五、分光光度计的使用

1. 比尔-朗伯定律

$$A = \lg\,(1/T) = \varepsilon bc$$

式中，A 为吸光度；T 为透射比，是透射光强度比入射光强度；ε 为摩尔吸收系数，它与吸收物质的性质及入射光的波长 λ 有关；c 为吸光物质的浓度；b 为吸收层厚度。

物理意义：当一束平行单色光垂直通过某一均匀非散射的吸光物质时，其吸光度 A 与吸光物质的浓度 c 及吸收层厚度 b 成正比。

2. 比色皿

一般为长方体，其底部及两侧为毛玻璃，另两面为光学玻璃制成的透光面。

（1）比色皿的类型

石英比色皿：Q 或 S，近紫外光 200～400 nm，氙灯。

玻璃比色皿：G，可见光 400～760 nm，钨灯。

没有标记的比色皿可以通过检测确定其材质：将分光光度计的波长设定为 250 nm，样品室内不放任何物品，调零；然后将比色皿置于样品室测吸光值，吸光度小于 0.07 的是石英材料，反之是玻璃材料。

（2）比色皿的配对方法

将波长调至实际使用的波长上，在比色皿内注入蒸馏水，将其中一只的透射比调至 100% 处，测量其他各只比色皿的透射比，凡透射比之差不大于 0.5% 的即可配套使用。或者向各个比色皿中装入蒸馏水，在需要使用的波长下进行比较，选出误差在 ± 0.001 以内的 4 只比色皿进行比色测定，可避免因比色皿差异造成误差。

（3）比色皿的清洗

1）当发现比色皿里面被污染后，应用无水乙醇清洗，及时擦拭干净。

2）过氧化氢：硝酸 ＝5：1 的混合溶液泡洗，然后用水冲洗干净。

3）定期用盐酸：乙醇 ＝1：2 混合溶液泡洗，不超过 10 min。

4）不能用洗洁精、铬酸洗液、碱液洗涤，不能用毛刷刷洗、硬布擦拭。

3. 分光光度计的操作规程

1）取拿比色皿时，手指只能捏住比色皿的毛玻璃面，而不能碰比色皿的透光面。

2）为避免溶液洒落后腐蚀仪器，不要在仪器附近配制溶液。

3）凡含有腐蚀玻璃的物质的溶液，不得长期盛放在比色皿中。

4）沿比色皿对角线倾倒溶液，至比色皿全高度的 3/4 处。注入被测溶液前，比色皿要用被测溶液润洗几次，以免影响溶液浓度。

5）比色皿光学面如有残液可先用滤纸轻轻吸附，然后再用镜头纸或丝绸擦拭后放入槽架。

6）比色皿要保持干燥清洁，用后立即清洗。洗净后自然风干，不能放干燥箱内烘干。

4. 可见分光光度计（T-6vm）的操作规程

1）准备好擦镜纸、比色皿、样品、废液杯、洗瓶、笔、记录纸。将拉杆推到最里面，确保第 1 个槽位对准通光孔。

2）用"WAVELENGTH（波长）"调节旋钮，调节至所需波长。

3）插上电源插座，打开仪器电源开关，预热 20 min（附图 2-1 所示）。

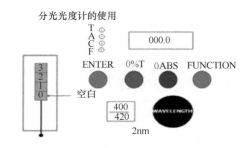

附图 2-1　T-6vm 可见分光光度计的屏幕显示

4）按"FUNCTION（功能）"键，选择"T（透射比）"；将"黑体"放入 0 号位置，盖上样品室盖，按"0%T"键调"000.0"后取出黑体。

5）将空白对照溶液和被测溶液分别倒入比色皿中：先用少量溶液润洗 2～3 次，在废液杯上方倾倒；液面高度应为比色皿的 3/4，用擦镜纸朝一个方向擦净比色皿的光面；将空白对照溶液放在比色皿座架的第 1 个槽位中，待测溶液放入其他槽位。

6）盖上样品室盖，按"FUNCTION（功能）"键，选择"A（吸光度）"；按"0 ABS/100%T"键调"000.0"。

7）双手轻轻拉动拉杆 1 格，将被测样品拉入光路中，读数，得到样品的吸光值。

继续拉动拉杆 1 格，此时显示第二个样品的吸光值。依次读出第三个样品的吸光值。

若所测样品较多，可将"1、2、3 号"比色皿中的溶液倒入废液杯内，再按步骤6）、7）测其余样品的吸光值。

8）测量结束后将比色皿中的溶液倒入废液杯内，用蒸馏水冲洗比色皿 2～3 次；将比色皿放在垫有滤纸的培养皿上（毛面朝下或皿口朝下）。

9）使用结束后，将比色皿座架用软纸擦净。倒掉废液，扔掉废纸，擦净实验台面，填写使用记录。

六、恒流泵（DHL-A）的使用

1. 准备状态

接通电源→打开开关，数码显示屏显示"[H]"即为准备状态。

2. 排气状态

泵处于准备状态时，按"排气"键即进入排气状态，此时泵启动并瞬时达到最高速度，将胶管中的空气排出。显示屏最左端一位"猫眼"闪动，表示泵正在转动（上猫眼顺时针闪动表示泵正转，下猫眼逆时针闪动表示泵反转），此时按"◁▷"键可以改变运转方向；显示屏最右端两位显示"Pq"（排气）。再按一次"排气"键结束排气状态，返回到准备状态。

3. 参数设定状态

泵处于准备状态时，按"参数"键即进入参数设定状态，电脑自动记忆用户上次设定的各项参数。

（1）恒速设定

泵处于准备状态时，按"参数"键，显示屏最左端位显示"1"，通过"十""个"位键设定转速（0～65 r/min）。按下"清零"键，显示屏显示"0.0"时可设定 0.1～0.9 r/min。设定完成后按"参数"键，返回准备状态。

若要设定其他参数，如选择胶管、设定流量、百分比修正等，必须使恒速参数为"0"之后，再按"参数"键，选择胶管型号。

（2）胶管选择

显示屏最左端位显示"2"之后，按"个"位键，选择胶管型号"3"或"5"，表示使用的胶管是 3 mm 或 5 mm。再按"参数"键，进入流量设定。

（3）流量设定

显示屏最左端位显示"3"，其余各位显示"*.**"（3 mm 胶管）"**.**"（5 mm 胶管）。按相应的键进行流量设定，3 mm 胶管时流量限定为 0.01～2.00 mL/min；5 mm 胶管时流量限定为 0.3～15.00 mL/min。若按"清零"键，所设流量清零，显示"0.00"或"00.00"。但不能将流量设定为零。

再按"参数"键，进入 % 修正设定。

（4）百分比修正设定

显示屏最左端位显示"4"，按"千"位键可设置"+"、"−"；按"清零"键显示为 0.00；按"十"、"个"位键设置百分比的后两位数字（± 30%以内，显示屏显示 0.30 以下）。

再按"参数"键，进入总量预置设定。

（5）总量预置设定

显示屏最左端位显示"5"，按"升.毫升"键，右边第 3 位显示小数点，表示以升为单位；按"清零"键，显示"0000"或"00.00"；按相应按键设定总量（不能设定为零）。

最后按"参数"键，再次回到准备状态。

4. 泵运行状态

泵处于准备状态时，按"启动"键后，泵开始运行，电脑自动保存设定的参数。如果没有启动泵就关掉电源，则设定的参数不保存。

若恒速参数设定为"0.0"，按"启动"键后泵进入恒流状态运行，最左端位猫眼闪动，其余各位显示实时输出的累积量。若设置了恒速参数，按"启动"键后泵进入恒速状态运行，最左端位猫眼闪动，第二位显示"H"，最右边两位显示设定的转速"* *"。泵在运行状态时，按"检索"键，显示屏依次显示设定的参数，不会影响正常的运行和计数。

当输出总量达到预设总量后，泵停止运行，显示屏显示预设总量，并发出报警声，按"停止"键解除报警，返回准备状态。

如何求百分比修正值：首先根据需要设定流量（"*.**"mL/min），然后设定一个预置量，"启动"泵工作，用量筒收集输出液；当泵报警后"停止"，使泵返回准备状态。根据输出液的体积和预置量计算百分比修正值。例如，设定流量 2.00 mL/min，预置量 50 mL，25 min 时泵报警。量筒里收集到的液体为 49 mL，则：

百分比修正值 ＝（L 预−L 累）/L 预 × 100% ＝（50−49）× 100% ＝ 2%

七、自动部分收集器（BSZ-100）的使用

1）将电源线、试管盘、竖杆、安全阀、积液盘等正确地连接、固定好。

2）按"电源"开关，显示屏闪烁，显示的内容是随机的；按"时控"框内的"停"键显示屏停止闪烁。

3）按"手动"框内的"按"键,手动指示灯亮一次,试管架也相应转动一管;按住"按"键不放则试管架连续转动。

4）自动定时收集

定时。将"手/自"设为"手动"状态,左手按住"停"、右手按住"定",使定时时间清零;左手放开"停"（右手仍按着"定"）再按"快"或"慢"至所需的设定时间,再放开两手定时时间设定完成。若要查看设置时间是否正确,则只需按"定"键,就能显示所设定的时间。若要以秒显示时间,则需按下"秒"键（此键带锁,松开则以"分"显示）。

若作时钟用,则可以在手动状态下,按住"校"再按"快"或"慢",调整到即时时间即可;校正完毕先松"慢",后松"校",时间校正完毕。

定位。将"顺/逆"键置于"顺"状态,按住"手动"框内的"按"键不放,使试管架转至起点,这时报警器发出蜂鸣声,"报警"指示灯亮,然后将"顺/逆"键置于"逆"状态,仪器就会自动地对准第一根试管（在"逆"状态下,第一管试管为最外的那根）。如滴管口没对准第一根试管,只要松开横杆或换管臂的调整螺钉,适当进行调整,使滴管口对准第一根试管中心即可。

同时按"秒"和"停"使走时时刻显示为"00.00",并将"手/自"框内的键置于"自动"状态。按下"秒"键开始计时,每当走时时刻与设定时间相等时,就会自动换管,并重新开始对准下一管定时收集。

八、高压液相色谱仪（Waters 1525）的使用

1）开启由 Breeze 系统软件控制的所有设备:柱温箱、检测器、高压泵输液泵。

2）开启 Breeze 系统计算机,启动 Breeze 应用程序进入操作软件。点击"方法设定"按钮,设定柱温、流速、检测波长等参数。

3）灌注管路 A、B（不经色谱柱,流速 3 mL/min,约 5 min）,排出管道空气;若需要连续使用液相,则不用每天灌注管路。

4）切换流路阀,用水以 0.3～0.5 mL/min 的流速冲洗色谱柱 30 min,再用流动相以 0.3～0.5 mL/min 的流速平衡色谱柱 30 min。

5）再用流动相以 1.0 mL/min 的流速平衡色谱柱,点击基线检测按钮,待基线平直后,进样开始测定。

6）除另有规定外,对照品溶液及供试品溶液均作双样,各连续进样两针,四针检测结果的 RSD%不得超过 1.5%;贵重对照品配制的对照溶液,可作单样,但需平行连续进样至少 5 针,RSD%不得超过 1.5%。

7）检测分析结束后,关闭检测器电源及柱温箱,用流动相 30～60 min 冲洗

色谱柱（如反相色谱：先用 10%甲醇水冲洗，再用不同梯度甲醇继续冲洗色谱柱），清洗结束后，改为以甲醇 0.2～0.5 mL/min 的流速冲柱。

8）点击系统流量图标，在流量 A 和流量 B 栏中分别输入 0，变化率栏中输入 0.5～1.0 min，点击应用，确定，等压力为 0 时即可关掉泵的电源，退出 Breeze 系统，关闭电源。

9）进样针用甲醇清洗后放回，用水和甲醇分别冲洗进样口 3 次，清洁仪器外部，盖上防尘罩。

10）填写使用登记。

注意事项

1）流动相必须先进行过滤（0.45 µm，注意水、有机溶剂用不同的膜）和超声脱气，冷至室温后使用。

2）双泵在运行中需要更换流动相之前，必须把双泵的流速设置为 0，即把泵关掉，等压力为 0 时再更换流动相。

3）每次更换流动相后，必须排（液）气泡。

4）每隔一段时间（约 1 周），在使用仪器时，上下泵排完气泡后，将泵单元的参比阀切换至排空（向右转 90°），单击图标，设置 A、B 两泵流量，使其排空约 10 mL 液体，完成后，再单击图标，将 A、B 两泵流量设置为 0，当压力为 0 时，再将参比阀向左转动 90°即可。

5）检测器：通讯失败时，右键重设 UV。

6）仪器运行时操作人员必须在场。

附录 3 器皿的洗涤

一、器皿的清洗

1. 玻璃器皿的清洗

新购买的玻璃器皿表面常附有游离的碱性物质，可先用 0.5%的去污剂洗刷，再用自来水洗净，然后浸泡在 1%～2%（V/V）HCl 溶液中过夜（不少于4 h），再用自来水冲洗，最后用去离子水冲洗 2 次，在 100～120℃烘箱内烘干备用。

使用过的玻璃器皿可先用自来水洗刷至无污物，再用合适的毛刷沾去污剂（粉）洗刷，或用 0.5%的清洗剂采用超声清洗（比色皿不可超声清洗），然后用自来水洗净去污剂，再用去离子水洗 2 次，烘干备用（计量仪器不可烘干）。清洗后器皿内外不可挂有水珠，否则重洗。若重洗后仍挂有水珠，则需用洗液浸泡数小时后（或用去污粉擦洗），重新清洗。

比色皿的清洗：不能用强碱清洗，因为强碱会侵蚀抛光的比色皿；也不能超声清洗。只能用洗液或 1%～2%的去污剂浸泡，然后用自来水冲洗（使用绸布包裹的小棒或棉花棒刷洗更好），清洗干净的比色皿内外壁不能挂有水珠。

移液管（吸量管）的清洗。1 mL 以上的吸量管，用专用刷刷洗；0.1 mL、0.2 mL 和 0.5 mL 的吸量管可用洗涤剂浸泡后水洗。由于铬酸洗液致癌，应尽量避免使用。

2. 塑料器皿的清洗

第一次使用塑料器皿时，可先用 8 mol/L 尿素（用浓盐酸调 pH = 1）清洗，接着依次用去离子水、1 mol/L KOH 和去离子水清洗，然后用 10^{-3} mol/L EDTA 除去金属离子的污染，最后用去离子水清洗。以后每次使用时，用 0.5%的去污剂清洗，然后用自来水和去离子水洗净。

移液枪枪头的清洗：移液枪常用的枪头有 2～20 μL、20～200 μL、200～1000 μL、1000～5000 μL 等规格。每种移液枪都有其专用的聚丙烯塑料枪头，枪头通常是一次性使用，当然也可以超声清洗后重复使用，此种枪头可 120℃高压灭菌。

3. 洗液的配制

铬有致癌作用，因此配制和使用铬酸洗液时要极为小心，常用的配制方法。

1）将 20 g $K_2Cr_2O_7$ 在通风橱中研磨成粉末，用 40 mL 蒸馏水转入干净的大烧杯中，于 60℃ 水浴中溶解。然后将 360 mL 浓 H_2SO_4 沿杯壁分次、缓慢加入，边加边用玻璃棒徐徐搅拌，混合均匀。冷却至室温后，贮存于有磨口塞的细口瓶内。

2）取 400 mL 工业浓硫酸置于烧杯内，小心加热，然后慢慢加入 20 g 重铬酸钾粉末，边加边搅拌，全部溶解并缓慢冷却后，贮存于有磨口塞的细口瓶内。新配制的洗液为红褐色，氧化能力很强；配制好的铬酸洗液应盖紧瓶塞，防止浓硫酸吸收空气中的水分或与空气中的还原性物质发生反应，从而降低洗涤能力。当洗液用久后变为黑绿色，说明洗液失效。

其他洗涤液的用途如下。

1）工业浓盐酸。可洗去水垢或某些无机盐沉淀。

2）5%草酸溶液。用数滴硫酸酸化，可洗去高锰酸钾痕迹。

3）5%~10%磷酸三钠（$Na_3PO_4·12H_2O$）溶液。可洗涤油污。

4）30%硝酸溶液。洗涤二氧化碳测定仪及微量滴管。

5）5%~10% EDTA-Na_2。加热煮沸可洗玻璃器皿内壁的白色沉淀物。

6）45%尿素洗涤液。适用于洗涤盛过蛋白质制剂及血样的容器。

7）有机溶剂。丙酮、乙醚、乙醇等洗脱油脂、脂溶性染料等，二甲苯可洗脱油漆的污垢。

8）氢氧化钾的乙醇溶液和含有高锰酸钾的氢氧化钠溶液。这是两种强碱性的洗涤液，对玻璃仪器的侵蚀性很强，可清除容器内壁污垢，洗涤时间不宜过长，使用时应小心慎重。

二、器皿的干燥

玻璃器皿通常都是用干燥箱在 110~120℃ 进行干燥（不用丙酮荡洗后吹干的方法进行干燥，因为那样会残留有机物，从而干扰生化反应）。硝酸纤维素的塑料离心管加热时会发生爆炸，所以不能放在干燥箱中干燥，只能用冷风吹干。

附录 4　溶液的配制

一、溶液配制原理

1. 用固体试剂配制（物质的量浓度，即体积摩尔浓度）

$$c（mol/L）= n/V = m/(M \times V)$$

式中，c 为物质的量浓度；n 为物质的量（mol）；V 为溶液的体积（L）；m 为物质的质量（g）；M 为物质的摩尔质量（g/mol）。

2. 用液体试剂配制

质量分数：5 g NaCl 溶于 95 g 水配成 100 g 溶液，NaCl 的质量百分浓度是 5%。

体积分数：95 mL 乙醇加 5 mL 水配制成 95%的乙醇。

质量体积分数（m/V）：0.9%的生理盐水是将 0.9 g NaCl 溶于水配成 100 mL 的溶液。

$$m=\rho \times V \times w\%$$

3. 溶液的稀释

原则：稀释前后溶质的量相等，由上面公式可得

$$n_1 = n_2 \rightarrow c_1V_1 = c_2V_2$$
$$\rho_1V_1w_1 = \rho_2V_2w_2$$

二、溶液配制方法

1. 计算

计算配制溶液时所需固体溶质的质量或液体浓溶液的体积。

1）已知 M $_{碳酸钠}$ = 106 g/mol，欲配制 0.5 mol/L 的碳酸钠溶液 500 mL，应该取 Na$_2$CO$_3$：

$$m(g) = 0.5 \times \frac{500}{1000} \times 106 = 26.5$$

2）已知：20% H$_2$SO$_4$ 的 ρ_1 =1.139 g/mL；96% H$_2$SO$_4$ 的 ρ_2=1.836 g/mL。要配制 20%的硫酸溶液 1000 mL，需要 96%的 H$_2$SO$_4$：

$$V(\text{mL}) = \frac{1.139 \times 1000 \times 20\%}{1.836 \times 96\%} = 129.24$$

3）配制 500 mL、3 mol/L 的稀硫酸，需要 18 mol/L 的浓硫酸：

$$V(\text{mL}) = \frac{3 \times 500}{18} = 83.33$$

4）已知 M 硫酸 = 98.07 g/mol，欲配制 2.0 mol/L 的硫酸溶液 500 mL，应量取质量分数为 98%、ρ=1.84 g/mL 的硫酸：

$$V(\text{mL}) = \frac{2.0 \times \dfrac{500}{1000} \times 98.07}{1.84 \times 98\%} = 54.39$$

2. 称量

用电子天平称量固体质量；用量筒或移液枪量取液体体积。

用电子天平称量药品时，先放称量纸，清零（去皮）。用小药匙取用药品，当数据显示快到所需量时，用食指轻弹小药匙，使药品一粒一粒落下。用称量纸将药品倒入小烧杯中。

3. 溶解

用少量蒸馏水溶解溶质或稀释浓溶液，恢复至室温（如不能完全溶解可适当加热）。

4. 转移

将烧杯内的溶液沿玻璃棒小心转入一定体积的容量瓶中（应提前检查容量瓶是否漏水；玻璃棒下端应靠在容量瓶刻度线以下）。

5. 洗涤

用蒸馏水洗涤烧杯和玻璃棒 2～3 次，并将洗涤液转入容量瓶中，振荡均匀。

6. 定容

向容量瓶中加水至刻度线以下 1～2 cm 处，改用胶头滴管加水，使溶液凹液面恰好与刻度线相切。

7. 摇匀

盖好瓶塞，用手指顶住瓶塞，另一只手托住瓶底，反复上下颠倒，使溶液混合均匀。

8. 装瓶

将配制好的溶液倒入清洁、干燥的试剂瓶中，贴上标签（药品名称、浓度、时间、配制者姓名）。

注意：①浓度 ≤ 0.02 mol/L 的标准溶液应在临用前用浓度高的标准溶液稀释而成，必要时重新标定浓度；②标准溶液浓度的小数点后第四位数 $X ≤ 5$（如 $0.050X$、$0.100X$、$1.000X$）。

溶液配制时的不当操作对溶液体积和浓度的影响如附表 4-1。

附表 4-1　配制溶液时的不当操作及其影响

操作	对溶质的影响	对溶液体积的影响	对溶液浓度的影响
用滤纸称量氢氧化钠固体	减小	—	减小
未冷却就转入容量瓶	—	减小	增大
将溶液转入容量瓶时有少量溅出	减小	—	减小
未洗涤烧杯和玻璃棒	减小	—	减小
定容时俯视刻度线	—	减小	增大
定容时仰视刻度线	—	增大	减小
定容时超过刻度线	—	增大	减小
定容时加水过多用滴管取出	减小	—	减小
摇匀后液面未到刻度线再加水	—	增大	减小

附录 5 常用试剂

一、常用洗液

1. 碱性洗液

（1）KMnO₄-NaOH 溶液

称取 4 g KMnO₄加入少量水使之溶解，然后慢慢加入 100 mL 10% NaOH 溶液，混匀后储存在带有橡皮塞的玻璃瓶中。

（2）12% KOH-乙醇溶液

将 12 g KOH 固体溶于 12 mL 蒸馏水中，再用 95%乙醇稀释至 100 mL。

碱性洗液用于洗涤油污或某些有机物污染的器皿。使用时一般是采用长时间（24 h 以上）浸泡法或者浸煮法。从碱性洗液中拿取器皿时，要戴乳胶手套，以免烧伤皮肤。

2. 酸性洗液

（1）HNO₃-乙醇溶液

适于洗涤盛装油脂或有机物的酸式滴定管。使用时先在滴定管中加入 3 mL 乙醇，沿管壁加入 4 mL 浓硝酸，用小表面皿盖住滴定管管口，让溶液在滴定管中保留一段时间，即可除去污垢。

（2）HCl-乙醇（1∶2）洗液

适于洗涤染有颜色的有机物质的比色皿。

3. 洗消液

检验致癌性化学物质的器皿，应该先用洗消液浸泡，然后再进行洗涤。

（1）1%或5%次氯酸钠（NaOCl）溶液

用 1% NaOCl 溶液浸泡污染的玻璃器皿半天或用 5% NaOCl 溶液浸泡片刻后，即可破坏黄曲霉毒素。

配制方法。①取漂白粉 100 g，加水 500 mL，搅拌均匀；80 g Na₂CO₃溶于

500 mL 水中；再将两液混合搅拌，澄清后过滤，滤液中 NaOCl 浓度为 2.5%。②取漂粉精 100 g，加水 500 mL，搅拌均匀；160 g Na_2CO_3 溶于 500 mL 水中；再将两液混合、搅拌，澄清后过滤，滤液中 NaOCl 浓度为 5%。如需要 1% NaOCl 溶液，可将上述溶液稀释后使用。

（2）20% HNO_3 和 2% $KMnO_4$ 溶液

被苯并芘污染的玻璃器皿可用 20% HNO_3 浸泡 24 h，取出后用自来水冲去残存酸液，再进行洗涤。被苯并芘污染的乳胶手套及微量注射器等可用 2% $KMnO_4$ 溶液浸泡 2 h 后，再进行洗涤。

各种洗液及其用途见附表 5-1。

附表 5-1　各种洗液及其用途

洗液	用途
工业浓盐酸	可洗去水垢或某些无机盐沉淀
5%草酸溶液	用数滴硫酸酸化，可洗去高锰酸钾痕迹
5%～10% Na_3PO_4 溶液	可洗涤油污
乙醇：HNO_3 = 3：4 溶液	适于洗涤盛装油脂或有机物的酸式滴定管
30%硝酸溶液	洗涤二氧化碳测定仪及微量滴管
5%～10% EDTA-Na_2 溶液	加热煮沸可洗玻璃器皿内壁的白色沉淀物
45%尿素洗涤液	洗涤盛过蛋白质制剂及血样的容器
KOH-乙醇溶液	对玻璃仪器的侵蚀性很强，可清除容器内壁污垢，洗涤时间不宜过长
$KMnO_4$-NaOH 溶液	
丙酮、乙醚、乙醇等有机溶剂	可洗脱油脂、脂溶性染料等
二甲苯	可洗脱油漆的污垢

注：作痕量金属分析的玻璃仪器，先用 1：9～1：1 的 HNO_3 溶液浸泡，然后进行常规洗涤；洗衣粉中含有荧光增白剂，因此用于荧光分析的玻璃器皿不能使用洗衣粉洗涤。

二、常用染色液

1. 革兰氏（Gram）染色液

（1）草酸铵结晶紫染液

A 液：2.0 g 结晶紫，20 mL 95%乙醇。

B 液：0.8 g 草酸铵，80 mL 蒸馏水。

混合 A、B 二液，静置 48 h 后使用。

（2）卢戈氏（Lugol）碘液

1.0 g 碘片，2.0 g 碘化钾，300 mL 蒸馏水。

先将碘化钾溶解在少量水中，再将碘片溶解在碘化钾溶液中，过夜，待碘全溶后，加足水分。

（3）番红复染液

2.5 g 番红（safranine O），100 mL 95%乙醇。

取上述配好的番红乙醇溶液 10 mL 与 80 mL 蒸馏水混匀即成。

2. 芽胞染色液

（1）孔雀绿染色液

5.0 g 孔雀绿（malachite green），溶解在 100 mL 蒸馏水中。

（2）番红水溶液

0.5 g 番红，溶解在 100 mL 蒸馏水中。

（3）苯酚品红溶液

11.0 g 碱性品红，100 mL 无水乙醇。

取上述溶液 10 mL 与 100 mL 5%的苯酚溶液混合，过滤备用。

（4）黑色素（nigrosin）溶液

10.0 g 水溶性黑色素，100 mL 蒸馏水。

称取 10 g 黑色素溶于 100 mL 蒸馏水中，置沸水浴中 30 min，滤纸过滤 2 次，补水到 100 mL，加 0.5 mL 甲醛，备用。

3. 乳酸石炭酸棉蓝染色液

10.0 g 石炭酸，10 mL 乳酸，20 mL 甘油，10 mL 蒸馏水，0.02 g 棉兰。

将石炭酸加在蒸馏水中加热溶解，然后加入乳酸和甘油，最后加入棉蓝，使其溶解即成。

4. 吕氏（Loeffler）碱性美蓝染色液

A 液：0.6 g 美蓝（methylene blue），30 mL 95%乙醇。

B 液：0.01 g KOH，100 mL 蒸馏水。

分别配制 A 液和 B 液，配好后混合即可。

5. 美蓝（Levowitz-Weber）染色液

在盛有 52 mL 95%乙醇和 44 mL 四氯乙烷的三角烧瓶中，慢慢加入 0.6 g 氯化亚甲基蓝（methylene blue chloride），旋摇三角烧瓶，使其溶解。放 5～10℃下，放置 12～24 h，然后加入 4 mL 冰醋酸，用滤纸过滤，贮存于清洁的密闭容器内。

6. 瑞特（Wright）染色液

0.3 g 瑞氏染料粉末，3 mL，甘油，97 mL 甲醇。

将染料粉末置于干燥的乳钵内研磨，先加甘油，后加甲醇，放玻璃瓶中过夜，过滤即可。

7. 吉姆萨（Giemsa）染色液

0.5 g 吉姆萨染料，33 mL 甘油，33 mL 甲醇。

将吉姆萨染料研细，然后边加入甘油边继续研磨，最后加入甲醇混匀，放 56℃ 1～24 h 后，即为吉姆萨贮存液。临用前在 1 mL 吉姆萨贮存液中加入 20 mL 磷酸缓冲液（pH 7.2），配成使用液。染色后，染色质呈红色，细胞核是蓝色。

8. Hanks 原液与 Hanks 液

A 液：160 g NaCl，8 g KCl，2 g $MgSO_4·7H_2O$，2g $MgCl_2·6H_2O$，溶于 800 mL 重蒸水中；2.8 g $CaCl_2$ 溶于 100 mL 重蒸水中，两液混匀后加 2 mL 三氯甲烷，保存在冰箱内。

B 液：3.04 g $Na_2HPO_4·12H_2O$，1.2 g KH_2PO_4，20 g 葡萄糖，溶于 800 mL 重蒸水中；100 mL 0.4%酚红液，加重蒸水至 1000 mL，两液混匀后加 2 mL 三氯甲烷，保存于 4℃冰箱内。

工作液：使用时按如下比例配成 Hanks 液。1 份 A 液，1 份 B 液，18 份重蒸水。在 6×10^4 Pa 灭菌 10 min，然后保存于冰箱内，可用一个月。用前每 100 mL 加入 1 mL 3.5% $NaHCO_3$ 溶液。

9. BrdU 染色液

10 mg BrdU，10 mL 加双蒸水，4℃下避光保存。

10. 0.4%酚红液

取 0.4 g 酚红放入玻璃研钵中，逐渐加入 0.1 mol/L 的 NaOH 溶液并不断研磨，直到所有颗粒完全溶解，加入的 NaOH 溶液量应为 11.28 mL，将已溶解的溶液吸入 100 mL 容量瓶中，用重蒸水洗研钵数次，均集中于容量瓶中，最后加重蒸水到 100 mL，摇匀后保存于 4℃冰箱内。

11. Earle 原液与 Earle 液

A 液：68.0 g NaCl，4.0 g KCl，1.4 g $NaH_2PO_4·H_2O$，10.0 g 葡萄糖，溶解于水中，最后加水到 500 mL，加 1 mL 三氯甲烷防腐，置 0～4℃冰箱内备用。

B 液：2.0 g $CaCl_2$，1.7 g $MgSO_4·7H_2O$（或 $MgCl_2·6H_2O$），4 mL 0.5%酚红，溶于水中，最后加水到 500 mL，加 1 mL 三氯甲烷防腐，置于冰箱内 0～4℃备用。

Earle 工作液的配制：1 份 A 液，1 份 B 液，加 18 份水，灭菌后保存，使用方法等均同 Hanks 液。

12. 水解乳蛋白-Hanks 液（简称乳汉液）

5 g 水解乳蛋白，1000 mL Hanks 液。

配制时，待水解乳蛋白彻底溶解后，分装于 500 mL 盐水瓶或其他瓶中，经 $5 × 10^4$ Pa 灭菌 30 min 或 $6.6 × 10^4$ Pa 灭菌 20 min，灭菌后置室温下或 37℃下 3～5 天作无菌检查，无菌者可置 4℃冰箱内或室温下保存备用。

13. 1%甲苯胺蓝溶液

取 1 g 甲苯胺蓝粉，10 mL 10%乙酸溶液，4 mL 无水乙醇，加蒸馏水 86 mL 而成。

14. 0.02%詹纳斯绿 B 溶液

称取 0.5 g 詹纳斯绿 B 溶于 50 mL Ringer 溶液，稍加热（30～40℃）使之很快溶解，用滤纸过滤，即为 1%原液。装入棕色瓶备用。

0.02%詹纳斯绿 B 溶液的配制：临用前，取 1 mL 1%原液，加入 49 mL Ringer 溶液混匀，即为 0.02%詹纳斯绿 B 溶液，装入棕色瓶。

三、常用缓冲液

1. 甘氨酸-盐酸缓冲液（附表 5-2）

附表 5-2　甘氨酸-盐酸缓冲液（0.05 mol/L）

（X mL 0.2 mol/L 甘氨酸＋Y mL 0.2 mol/L，再加水稀释至 200 mL）

pH	X	Y	pH	X	Y
2.0	50	44.0	3.0	50	11.4
2.4	50	32.4	3.2	50	8.2
2.6	50	24.2	3.4	50	6.4
2.8	50	16.8	3.6	50	5.0

注：甘氨酸相对分子质量为 75.07，0.2 mol/L 甘氨酸溶液浓度为 15.01 g/L。

2. 邻苯二甲酸-盐酸缓冲液（附表 5-3）

附表 5-3　邻苯二甲酸-盐酸缓冲液（0.05 mol/L）

（X mL 0.2 mol/L 邻苯二甲酸氢钾＋Y mL 0.2 mol/L HCl，再加水稀释到 20 mL）

pH（20℃）	X	Y	pH（20℃）	X	Y
2.2	5	4.070	3.2	5	1.470
2.4	5	3.960	3.4	5	0.990
2.6	5	3.295	3.6	5	0.597
2.8	5	2.642	3.8	5	0.263
3.0	5	2.022			

注：邻苯二甲酸氢钾相对分子质量为 204.23，0.2 mol/L 邻苯二甲酸氢钾溶液浓度为 40.85 g/L。

3. 磷酸氢二钠-柠檬酸缓冲液（附表 5-4）

附表 5-4　磷酸氢二钠-柠檬酸缓冲液

pH	0.2 mol/L Na$_2$HPO$_4$/ mL	0.1 mol/L 柠檬酸/ mL	pH	0.2 mol/L Na$_2$HPO$_4$/ mL	0.1 mol/L 柠檬酸/ mL
2.2	0.40	19.60	5.2	10.72	9.28
2.4	1.24	18.76	5.4	11.15	8.85
2.6	2.18	17.82	5.6	11.60	8.40
2.8	3.17	16.83	5.8	12.09	7.91
3.0	4.11	15.89	6.0	12.63	7.37
3.2	4.94	15.06	6.2	13.22	6.78
3.4	5.70	14.30	6.4	13.85	6.15
3.6	6.44	13.56	6.6	14.55	5.45
3.8	7.10	12.90	6.8	15.45	4.55
4.0	7.71	12.29	7.0	16.47	3.53
4.2	8.28	11.72	7.2	17.39	2.61
4.4	8.82	11.18	7.4	18.17	1.83
4.6	9.35	10.65	7.6	18.73	1.27
4.8	9.86	10.14	7.8	19.15	0.85
5.0	10.30	9.70	8.0	19.45	0.55

注：Na$_2$HPO$_4$ 相对分子质量为 141.98，0.2 mol/L 溶液浓度为 28.40 g/L；Na$_2$HPO$_4$·2H$_2$O 相对分子质量为 178.05，0.2 mol/L 溶液浓度为 35.61 g/L；C$_6$H$_8$O$_7$·H$_2$O 相对分子质量为 210.14，0.1 mol/L 溶液浓度为 21.01 g/L。

4. 柠檬酸-氢氧化钠-盐酸缓冲液（附表 5-5）

附表 5-5　柠檬酸-氢氧化钠-盐酸缓冲液

pH	钠离子浓度/（mol/L）	柠檬酸（$C_6H_8O_7 \cdot H_2O$）/g	氢氧化钠（NaOH）/g	盐酸/mL	最终体积/L
2.2	0.20	210	84	160	10
3.1	0.20	210	83	116	10
3.3	0.20	210	83	106	10
4.3	0.20	210	83	45	10
5.3	0.35	245	144	68	10
5.8	0.45	285	186	105	10
6.5	0.38	266	156	126	10

　　注：使用时可以每升中加入 1 g 苯酚，若最后 pH 有变化，再用少量 50%（质量分数）氢氧化钠溶液或浓盐酸调节，置冰箱中保存。

5. 柠檬酸-柠檬酸钠缓冲液（附表 5-6）

附表 5-6　柠檬酸-柠檬酸钠缓冲液（0.1 mol/L）

pH	0.1 mol/L 柠檬酸/mL	0.1 mol/L 柠檬酸钠/mL	pH	0.1 mol/L 柠檬酸/mL	0.1 mol/L 柠檬酸钠/mL
3.0	18.6	1.4	5.0	8.2	11.8
3.2	17.2	2.8	5.2	7.3	12.7
3.4	16.0	4.0	5.4	6.4	13.6
3.6	14.9	5.1	5.6	5.5	14.5
3.8	14.0	6.0	5.8	4.7	15.3
4.0	13.1	6.9	6.0	3.8	16.2
4.2	12.3	7.7	6.2	2.8	17.2
4.4	11.4	8.6	6.4	2.0	18.0
4.6	10.3	9.7	6.6	1.4	18.6
4.8	9.2	10.8			

　　注：柠檬酸（$C_6H_8O_7 \cdot H_2O$）相对分子质量为 210.14，0.1 mol/L 溶液浓度为 21.01 g/L；柠檬酸钠（$Na_3C_6H_5O_7 \cdot 2H_2O$）相对分子质量为 294.12，0.1 mol/L 溶液浓度为 29.41 g/L。

6. 乙酸-乙酸钠缓冲液（附表 5-7）

附表 5-7　乙酸-乙酸钠缓冲液（0.2 mol/L）

pH（18℃）	0.2 mol/L 乙酸钠/mL	0.2 mol/L 乙酸/mL	pH（18℃）	0.2 mol/L 乙酸钠/mL	0.2 mol/L 乙酸/mL
3.6	0.75	9.25	4.8	5.90	4.10
3.8	1.20	8.80	5.0	7.00	3.00
4.0	1.80	8.20	5.2	7.90	2.10
4.2	2.65	7.35	5.4	8.60	1.40
4.4	3.70	6.30	5.6	9.10	0.90
4.6	4.90	5.10	5.8	9.40	0.60

　　注：乙酸钠（$CH_3COONa \cdot 3H_2O$）相对分子质量为 136.09，0.2 mol/L 溶液浓度为 27.22 g/L。

7. 磷酸氢二钠-磷酸二氢钠缓冲液（附表 5-8）

附表 5-8　磷酸氢二钠-磷酸二氢钠缓冲液（0.2 mol/L）

pH	0.2 mol/L Na₂HPO₄/mL	0.2 mol/L NaH₂PO₄/mL	pH	0.2 mol/L Na₂HPO₄/mL	0.2 mol/L NaH₂PO₄/mL
5.8	8.0	92.0	7.0	61.0	39.0
5.9	10.0	90.0	7.1	67.0	33.0
6.0	12.3	87.7	7.2	72.0	28.0
6.1	15.0	85.0	7.3	77.0	23.0
6.2	18.5	81.5	7.4	81.0	19.0
6.3	22.5	77.5	7.5	84.0	16.0
6.4	26.5	73.5	7.6	87.0	13.0
6.5	31.5	68.5	7.7	89.5	10.5
6.6	37.5	62.5	7.8	91.5	8.5
6.7	43.5	56.5	7.9	93.0	7.0
6.8	49.0	51.0	8.0	94.7	5.3
6.9	55.0	45.0			

注：$Na_2HPO_4 \cdot 2H_2O$ 相对分子质量为 178.05，0.2 mol/L 溶液浓度为 85.61 g/L；$Na_2HPO_4 \cdot 12H_2O$ 相对分子质量为 358.22，0.2 mol/L 溶液浓度为 71.64 g/L；$NaH_2PO_4 \cdot 2H_2O$ 相对分子质量为 156.03，0.2 mol/L 溶液浓度为 31.21 g/L。

8. 磷酸氢二钠-磷酸二氢钾缓冲液（附表 5-9）

附表 5-9　磷酸氢二钠-磷酸二氢钾缓冲液（1/15 mol/L）

pH	1/15 mol/L Na₂HPO₄/mL	1/15 mol/L KH₂PO₄/mL	pH	1/15 mol/L Na₂HPO₄/mL	1/15 mol/L KH₂PO₄/mL
4.92	0.10	9.90	7.17	7.00	3.00
5.29	0.50	9.50	7.38	8.00	2.00
5.91	1.00	9.00	7.73	9.00	1.00
6.24	2.00	8.00	8.04	9.50	0.50
6.47	3.00	7.00	8.34	9.75	0.25
6.64	4.00	6.00	8.67	9.90	0.10
6.81	5.00	5.00	8.18	10.00	0
6.98	6.00	4.00			

注：$Na_2HPO_4 \cdot 2H_2O$ 相对分子质量为 178.05，1/15 mol/L 溶液浓度为 11.876 g/L；KH_2PO_4 相对分子质量为 136.09，1/15 mol/L 溶液浓度为 9.073 g/L。

9. 磷酸氢二钾-磷酸二氢钾缓冲液（附表 5-10）

附表 5-10　磷酸氢二钾-磷酸二氢钾缓冲液（0.1 mol/L）

pH	1 mol/L K₂HPO₄/mL	1 mol/L KH₂PO₄/mL	pH	1 mol/L K₂HPO₄/mL	1 mol/L KH₂PO₄/mL
5.8	8.5	91.5	7.0	61.5	38.5
6.0	13.2	86.8	7.2	71.7	28.3
6.2	19.2	80.8	7.4	80.2	19.8
6.4	27.8	72.2	7.6	86.6	13.4
6.6	38.1	61.9	7.8	90.8	9.2
6.8	49.7	50.3	8.0	94.0	6.2

注：用蒸馏水将配制的 100 mL 溶液稀释至 1000 mL 即可，根据 Henderson-Hasselbalch 方程计算其 pH：$pH = pK' + lg [质子受体]/[质子供体]$，其中 $pK' = 6.86$（25℃）。

10. 磷酸二氢钾-氢氧化钠缓冲液（附表 5-11）

附表 5-11　磷酸二氢钾-氢氧化钠缓冲液（0.05 mol/L）

（X mL 0.2 mol/L KH$_2$PO$_4$＋Y mL 0.2 mol/L NaOH，加水稀释至 20 mL）

pH（20℃）	X	Y	pH（20℃）	X	Y
5.8	5	0.372	7.0	5	2.963
6.0	5	0.570	7.2	5	3.500
6.2	5	0.860	7.4	5	3.950
6.4	5	1.260	7.6	5	4.280
6.6	5	1.780	7.8	5	4.520
6.8	5	2.365	8.0	5	4.680

11. 巴比妥钠-盐酸缓冲液（附表 5-12）

附表 5-12　巴比妥酸钠-盐酸缓冲液（18℃）

pH	0.04 mol/L 巴比妥钠/mL	0.2 mol/L 盐酸/mL	pH	0.04 mol/L 巴比妥钠/mL	0.2 mol/L 盐酸/mL
6.8	100	18.4	8.4	100	5.21
7.0	100	17.8	8.6	100	3.82
7.2	100	16.7	8.8	100	2.52
7.4	100	15.3	9.0	100	1.65
7.6	100	13.4	9.2	100	1.13
7.8	100	11.47	9.4	100	0.70
8.0	100	9.39	9.6	100	0.35
8.2	100	7.21			

注：巴比妥钠相对分子质量为 206.18，0.04 mol/L 溶液浓度为 8.25 g/L。

12. Tris-盐酸缓冲液（附表 5-13）

附表 5-13　Tris-盐酸缓冲液（0.05 mol/L，25℃）（50 mL 0.1 mol/L 三羟甲基氨基甲烷（Tris）溶液与 X mL 0.1 mol/L 盐酸混匀后，加水稀释至 100 mL）

pH	X	pH	X
7.1	45.7	8.1	26.2
7.2	44.7	8.2	22.9
7.3	43.4	8.3	19.9
7.4	42.0	8.4	17.2
7.5	40.3	8.5	14.7
7.6	38.5	8.6	12.4
7.7	36.6	8.7	10.3
7.8	34.5	8.8	8.5
7.9	32.0	8.9	7.0
8.0	29.2		

注：Tris 相对分子质量为 121.14，0.1 mol/L 溶液浓度为 12.114 g/L；Tris 溶液可从空气中吸收二氧化碳，使用时注意将瓶子盖严。

13. 硼酸-硼砂缓冲液（附表 5-14）

附表 5-14　硼酸-硼砂缓冲液（0.2 mol/L 硼酸根）

pH	0.05 mol/L 硼砂/mL	0.2 mol/L 硼酸/mL	pH	0.05 mol/L 硼砂/mL	0.2 mol/L 硼酸/mL
7.4	1.0	9.0	8.2	3.5	6.5
7.6	1.5	8.5	8.4	4.5	5.5
7.8	2.0	8.0	8.7	6.0	4.0
8.0	3.0	7.0	9.0	8.0	2.0

注：H_2BO_3 相对分子质量为 61.84，0.2 mol/L 溶液为 12.37 g/L；$Na_2B_4O_7 \cdot 10H_2O$ 相对分子质量为 381.43，0.05 mol/L 溶液（= 0.2 mol/L 硼酸根）含 19.07 g/L；硼砂易失去结晶水，必须在带塞的瓶中保存。

14. 甘氨酸-氢氧化钠缓冲液（附表 5-15）

附表 5-15　甘氨酸-氢氧化钠缓冲液（0.05 mol/L）

（X mL 0.2 mol/L 甘氨酸 + Y mL 0.2 mol/L NaOH，加水稀释至 200 mL）

pH	X	Y	pH	X	Y
8.6	50	4.0	9.6	50	22.4
8.8	50	6.0	9.8	50	27.2
9.0	50	8.8	10.0	50	32.0
9.2	50	12.0	10.4	50	38.6
9.4	50	16.8	10.6	50	45.5

注：甘氨酸相对分子质量为 75.07，0.2 mol/L 溶液浓度为 15.01 g/L。

15. 硼砂-氢氧化钠缓冲液（附表 5-16）

附表 5-16　硼砂-氢氧化钠缓冲液（0.05 mol/L 硼酸根）

（X mL 0.05 mol/L 硼砂 + Y mL 0.2 mol/L NaOH，加水稀释至 200 mL）

pH	X	Y	pH	X	Y
9.3	50	6.0	9.8	50	34.0
9.4	50	11.0	10.0	50	43.0
9.6	50	23.0	10.1	50	46.0

注：硼砂 $Na_2B_4O_7 \cdot 10H_2O$ 相对分子质量为 381.43，0.05 mol/L 溶液为 19.07 g/L。

16. 碳酸钠-碳酸氢钠缓冲液（附表 5-17）

附表 5-17　碳酸钠-碳酸氢钠缓冲液（0.1 mol/L）

pH		0.1 mol/L Na_2CO_3/mL	0.1 mol/L $NaHCO_3$/mL
20℃	37℃		
9.16	8.77	1	9
9.40	9.12	2	8
9.51	9.40	3	7

续表

pH		0.1 mol/L Na$_2$CO$_3$/mL	0.1 mol/L NaHCO$_3$/mL
20℃	37℃		
9.78	9.50	4	6
9.90	9.72	5	5
10.14	9.90	6	4
10.28	10.08	7	3
10.53	10.28	8	2
10.83	10.57	9	1

注：有 Ca^{2+}、Mg^{2+} 存在时不得使用；Na$_2$CO$_3$·10H$_2$O 相对分子质量为 286.2，0.1 mol/L 溶液浓度为 28.62 g/L；NaHCO$_3$ 相对分子质量为 84.0，0.1 mol/L 溶液浓度为 8.40 g/L。

四、常用培养基

1. 常用动物细胞系及其适宜的培养基（附表 5-18）

附表 5-18　常用动物细胞系及其适宜的培养基

细胞系	细胞类型	物种	组织来源	培养基
293	成纤维细胞	人	胚胎、肾	MEM，10%热灭活马血清
3T6	成纤维细胞	小鼠	胚胎	DMEM，10%胎牛血清
A549	上皮细胞	人	肺癌	F-12K，10%胎牛血清
A9	成纤维细胞	小鼠	结缔组织	DMEM，10%胎牛血清
AtT-20	上皮细胞	小鼠	垂体瘤	F-10，15%马血清和 2.5%胎牛血清
BALB/3T3	成纤维细胞	小鼠	胚胎	DMEM，10%胎牛血清
BHK-21	成纤维细胞	仓鼠	肾	GMEM，10%胎牛血清或 MEM，10%胎牛血清和 NEAA
BHL-100	上皮细胞	人	乳房	McCoy，5A，10%胎牛血清
BT	成纤维细胞	牛	鼻甲骨细胞	MEM，10%胎牛血清和 NEAA
Caco-2	上皮细胞	人	结肠腺癌	MEM，10%胎牛血清和 NEAA
Chang	上皮细胞	人	肝	MEM，10%小牛血清
CHO-K1	上皮细胞	仓鼠	卵巢	F-12，10%胎牛血清
Clone9	上皮细胞	大鼠	肝	F-12K，10%胎牛血清
CloneM-3	上皮细胞	小鼠	黑色素瘤	F-10，10%马血清和 2.5%胎牛血清
COS-1	成纤维细胞	猴	肾	DMEM，10%胎牛血清
COS-3	成纤维细胞	猴	肾	DMEM，10%胎牛血清
COS-7	成纤维细胞	猴	肾	DMEM，10%胎牛血清
CRFK	上皮细胞	猫	肾	MEM，10%胎牛血清和 NEAA
CV-1	成纤维细胞	猴	肾	MEM，10%胎牛血清
D-17	上皮细胞	狗	骨肉瘤	MEM，10%胎牛血清和 NEAA
Daudi	成淋巴细胞	人	淋巴瘤病人血液	RPMI-1640，10%胎牛血清

续表

细胞系	细胞类型	物种	组织来源	培养基
GH1	上皮细胞	大鼠	垂体瘤	F-10，15%马血清和 2.5%胎牛血清
GH3	上皮细胞	大鼠	垂体瘤	F-10，15%马血清和 2.5%胎牛血清
H9	成淋巴细胞	人	T 细胞淋巴瘤	RPMI1640，20%胎牛血清
HaK	上皮细胞	仓鼠	肾	BME，10%小牛血清
HCT-15	上皮细胞	人	结肠腺癌、	RPMI-1640，10%胎牛血清
HeLa	上皮细胞	人	直肠腺癌	MEM，10%HI 胎牛血清和 NEAA
HEp-2	上皮细胞	人	子宫颈癌	BME，10%胎牛血清
HL-60	成淋巴细胞	人	喉癌	RPMI-1640，20%胎牛血清
HT-1080	上皮细胞	人	急性早幼粒细胞白血	MEM，10%HI 胎牛血清和 NEAA
HT-29	上皮细胞	人	病	McCoy，5A，10%胎牛血清
HUVEC	内皮细胞	人	纤维肉瘤	F-12K，10%胎牛血清和肝素盐
			结肠腺癌、脐带	100 μg/mL
I-10	上皮细胞	小鼠		F-10，15%马血清和 2.5%胎牛血清
IM-9	成淋巴细胞	人	睾丸癌	RPMI-1640，10%胎牛血清
JEG-2	上皮细胞	人	骨髓瘤病人骨髓	MEM，10%胎牛血清
Jensen	成纤维细胞	大鼠	绒毛膜癌	McCoy，s5A，5%胎牛血清
Jurkat	成淋巴细胞	人	肉癌	RPMI1640，10%胎牛血清
K-562	成淋巴细胞	人	淋巴瘤	RPMI1640，10%胎牛血清
			骨髓性白血病人血液、	
KB	上皮细胞	人	口腔癌	MEM，10%胎牛血清和 NEAA
KG-1	骨髓白细胞	人	红白血病病人骨髓	IMDM，20%胎牛血清
L2	上皮细胞	大鼠	肺	F-12K，10%胎牛血清
L6		大鼠	成肌细胞	DMEM，10%胎牛血清
LLC-WRC2	上皮细胞	大鼠	癌	Medium199，5%马血清
56	成纤维细胞	小鼠	未知	MEM，10%胎牛血清
McCoy	上皮细胞	人	乳腺癌	BME，10%胎牛血清 EAA 10% μg/mL
MCF7WEHI			骨髓单核细胞白血病	胰岛素
-3b	类巨噬细胞	小鼠	血液	DMEM，10%胎牛血清
WI-38	上皮细胞	人	胚胎肺	
WISH			羊膜	BME，10%胎牛血清
WS1	上皮细胞	人	胚胎皮肤	BME，10%胎牛血清
XC		人	肉瘤	BME，10%胎牛血清 NEAA
Y-1	上皮细胞	大鼠	肾上腺瘤	BME，10%胎牛血清 NEAA
	上皮细胞	小鼠		F-10，15%马血清和 2.5%胎牛血清

2. 植物组织培养用培养基

（1）MS 培养基贮存母液（附表 5-19）

附表 5-19　MS 培养基贮存溶液

大量元素（10 倍液）	mg/L	有机物质（100 倍液）	mg/100mL
KNO₃	19 000	甘氨酸	20
NH₄NO₃	16 500	盐酸硫胺素	4
MgSO₄·7H₂O	3 700	盐酸吡哆素	5
KH₂PO₄	1 700	烟酸	5
		肌醇	1 000
微量元素（100 倍液）	mg/L	铁盐（100 倍液）	mg/100 mL
MnSO₄·4H₂O	2 230	FeSO₄·7H₂O	278
ZnSO₄·7H₂O	860	Na₂-EDTA	373
H₃BO₃	620	钙盐（100 倍液）	mg/100 mL
KI	83	CaCl₂·2H₂O	4 400
Na₂MoO₄·2H₂O	25		
CuSO₄·5H₂O	2.5		

配制贮存母液时，先在烧杯中加入适量的水，然后逐次加入不同的组分。值得注意的是，要等第一种成分完全溶解后再加入第二种成分。

有机物质母液配好后要装入棕色瓶中，置冰箱内保存，其他三种母液可在常温下保存，但最多不能超过一个月。

培养基中所附加的生长素和细胞分裂素等也要单独配制成一定浓度的贮存液，用时按需要量加入。

（2）H 培养基贮存母液（附表 5-20）

附表 5-20　H 培养基贮存溶液

大量元素（10 倍液）	mg/L	有机物质（100 倍液）	mg/100mL
KNO₃	9500	甘氨酸	20
NH₄NO₃	7200	盐酸硫胺素	5
MgSO₄·7H₂O	1850	盐酸吡哆素	5
KH₂PO₄	680	烟酸	50
CaCl₂·2H₂O	1660	肌醇	1000
微量元素（100 倍液）	mg/L	叶酸	5
MnSO₄·4H₂O	2500	生物素	0.5
ZnSO₄·7H₂O	1000		
H₃BO₃	1000		
Na₂MoO₄·2H₂O	25	铁盐同 MS 培养基	
CuSO₄·5H₂O	2.5		

其他几种常用植物组织培养基（附表 5-21）

附表 5-21 其他几种常用植物组织培养基（mg/L）

	NN69（通用）	WPM（木本植物）	B5（豆科、十字花科植物）	N6（单子叶植物花药培养）	VW（兰科植物）	M（君子兰）	DKW（核桃）	SH（松树）	Hough（桃胚培养）
四水硝酸钙	—	556	—	—	—	347	1968	—	1181
硝酸钾	950	—	2500	2830	525	1000	—	2500	—
硝酸铵	720	400	—	—	—	1000	1416	—	—
硫酸钾	—	900	—	—	—	—	1559	—	—
硫酸铵	—	—	134	463	500	—	—	—	132.1
七水硫酸镁	185	370	250	185	250	35	740	400	493
四水硫酸锰	25	22.5	10	4.4	7.5	4.4	33.5	10.0	0.769
七水硫酸锌	10	8.6	2	1.5	—	1.5	—	1.0	—
六水硝酸锌	—	—	—	—	—	—	17	—	0.039
五水硫酸铜	0.08	0.25	0.025	—	—	—	0.25	0.2	2.49
七水硫酸亚铁	27.8	27.3	27.8	27.8	—	—	33.8	15.0	136.1
磷酸二氢钾	68	170	—	400	250	300	265	—	—
一水磷酸二氢钠	—	—	150	—	—	—	—	—	—
磷酸钙	—	—	—	200	—	—	—	—	348.6
硫酸钙	—	—	—	—	—	—	—	—	—
磷酸二氢铵	—	—	—	—	—	—	—	300	—
二水氯化钙	166	96	150	166	—	—	149	200	—
六水氯化钴	—	—	0.025	—	—	—	—	0.1	—
氯化钾	—	—	—	—	—	65	—	—	—
六水硫酸镍	—	—	—	—	—	—	0.39	—	—
六水氯化钠	—	—	—	—	—	—	—	—	58.5
碘化钾	—	—	0.75	0.8	—	0.8	—	1.0	—
H_3BO_3	3	6.2	3	1.6	—	1.6	4.8	5.0	0.571
二水锰酸钠	0.25	0.25	0.25	—	—	—	0.39	0.1	0.015
Na_2-EDTA	37.3	37.3	37.3	37.3	—	—	45.4	20.0	3.33
Fe-EDTA	—	—	—	—	—	—	—	—	—
(Fe·Na)-EDTA	—	—	—	—	—	3.2	—	—	—
酒石酸铁	—	—	—	—	28	—	—	—	—
盐酸硫胺素（维生素 B_1）	0.5	1.0	10	1	—	0.1	—	5.0	—
盐酸吡哆醛（维生素 B_6）	0.5	0.5	1	0.5	—	0.1	2.0	0.5	—
烟酸（维生素 B_5）	0.5	0.5	1	0.5	—	0.5	—	5.0	—
生物素（维生素 H）	0.05	—	—	—	—	—	—	—	—
甘氨酸	2.0	2.0	—	2.0	—	2.0	2.0	—	—
叶酸	0.5	—	—	—	—	—	—	—	—
肌醇	100	100	100	—	—	—	100	1000	—

3. 微生物培养基

（1）LB（Luria-Bertani）培养基（培养细菌用）

10 g 蛋白胨，5.0 g 酵母膏，10.0 g NaCl，1000 mL 蒸馏水，pH 调节至 7.0，121℃灭菌 20 min。

（2）牛肉膏蛋白胨琼脂培养基（培养细菌用）

3.0 g 牛肉膏，10.0 g 蛋白胨，5.0 g NaCl，15～20 g 琼脂，1000 mL 蒸馏水，pH 调节至 7.2～7.4，121℃ 灭菌 20 min。

（3）高氏（Gause）1 号培养基（培养放线菌用）

20 g 可溶性淀粉，1.0 g KNO_3，0.5 g NaCl，0.5 g K_2HPO_4，0.5 g $MgSO_4$，0.01 g $FeSO_4$，15～20 g 琼脂，1000 mL 水，pH 调节至 7.4～7.6。

配制时，先用少量冷水，将淀粉调成糊状，倒入煮沸的水中，在火上加热，边搅拌边加入其他成分，熔化后，补足水分至 1000 mL，121℃灭菌 20 min。

（4）马铃薯培养基（PDA，培养真菌用）

200 g 马铃薯，20 g 葡萄糖（或蔗糖），15～20 g 琼脂，1000 mL 水，pH 自然。

马铃薯去皮，切成块煮沸半小时，然后用纱布过滤，再加糖及琼脂，溶化后补足水至 1000 mL，121℃灭菌 30 min。

（5）查氏（Czapek）培养基（培养霉菌用）

2.0 g $NaNO_3$，1.0 g $K_2HPO_4 \cdot 3H_2O$，0.5 g KCl，0.5 g $MgSO_4$，0.01 g $FeSO_4$，30 g 蔗糖，15～20 g 琼脂，1000 mL 水，pH 7.2～7.4，121℃灭菌 20 min。

（6）马丁氏（Martin）琼脂培养基（分离真菌用）

10 g 葡萄糖，5.0 g 蛋白胨，1.0 g KH_2PO_4，0.5 g $MgSO_4 \cdot 7H_2O$，100 mL 1/3 孟加拉红（rosebengal，玫瑰红水溶液），15～20 g 琼脂，800 mL 蒸馏水，pH 自然，121℃灭菌 30 min。

临用前加入 0.03%链霉素稀释液 1000 μL/L，使每毫升培养基中链霉素 30 μg/mL。

（7）麦芽汁琼脂培养基

1）取大麦或小麦若干，用水洗净，浸水 6～12 h，置于 15℃阴暗处发芽，上盖纱布一块，每日早、中、晚淋水一次，麦根伸长至麦粒的两倍时，即停止发芽，摊开晒干或烘干，贮存备用。

2）将干麦芽磨碎，一份麦芽加 4 份水，在 65℃水浴锅中糖化 3～4 h，糖化程度可用碘滴定之。

3）将糖化液用 4～6 层纱布过滤，滤液如浑浊不清，可用鸡蛋白澄清，方法是将一个鸡蛋的蛋白加水 20 mL，调匀至生泡沫为止，然后倒在糖化液中搅拌煮沸后过滤。

4）将滤液稀释到 5～6 波美度，pH 约 6.4，加入 2%琼脂即成。

5）121.3℃灭菌 20 min。

（8）无氮培养基（自身固氮菌、钾细菌）

10 g 甘露醇（或葡萄糖），0.2 g KH_2PO_4，0.2 g $MgSO_4$，0.2 g NaCl，0.2 g $CaSO_4·2H_2O$，5.0 g $CaCO_3$，1000 mL 蒸馏水，pH 7.0～7.2，113℃灭菌 30 min。

（9）半固体肉膏蛋白胨培养基

100 mL 肉膏蛋白胨液体培养基，0.35～0.4 g 琼脂，pH 7.6，121℃灭菌 20 min。

（10）合成培养基

1 g $(NH_4)_3PO_4$，0.2 g KCl，0.2 g $MgSO_4·7H_2O$，豆芽汁 10 mL，20g 琼脂，100 mL 蒸馏水，pH 7.0，加 12 mL 0.04%的溴甲酚紫（pH 5.2～6.8，颜色由黄色变紫色，作指示剂），121℃灭菌 20 min。

（11）豆芽汁蔗糖（或葡萄糖）培养基

100 g 黄豆芽，50 g 蔗糖（或葡萄糖），1000 mL 水，pH 自然。

称新鲜的豆芽 100 g，放入烧杯中，加入 1000 mL，煮沸约 30 min，用纱布过滤。用水补足原量，再加入蔗糖（或葡萄糖）50 g，煮沸溶化，121℃灭菌 20 min。

（12）麦氏（Meclary）琼脂（酵母菌）

1.0 g 葡萄糖，1.8 g KCl，2.5 g 酵母浸膏，8.2 g 乙酸钠，15～20 g 琼脂，1000 mL 蒸馏水，113℃灭菌 30 min。

（13）柠檬酸盐培养基

1.0 g $NH_4H_2PO_4$，1.0 g KH_2PO_4，5.0 g NaCl，0.2 g $MgSO_4$，2.0 g 柠檬酸钠，15～20 g 琼脂，1000 mL 蒸馏水，10 mL 1%溴香草酚蓝乙醇液。

将上述各成分加热溶解后，调 pH 6.8，然后加入指示剂，摇匀，用脱脂棉过滤。制成后为黄绿色，分装试管，121℃灭菌 20 min 后制成斜面。注意配制时控制好 pH，不要过碱，以黄绿色为准。

（14）乙酸铅培养基

100 mL 牛肉膏蛋白胨琼脂，0.25 g 硫代硫酸钠，1.0 mL 10%乙酸铅水溶液。

将牛肉膏蛋白胨琼脂培养基 100 mL 加热溶解，待冷却到 60℃时加入硫代硫酸钠 0.25 g，调 pH 7.2，分装于三角烧瓶中，115℃灭菌 15 min。取出后待冷却到 55～60℃，加入 10%乙酸铅水溶液（无菌）1 mL，混匀后倒入灭菌的试管或平板中。

（15）血琼脂培养基

100 mL 牛肉膏蛋白胨琼脂 （pH 7.6），10 mL 脱纤维羊血（或兔血）。

将牛肉膏蛋白胨琼脂培养基加热溶化，待冷却到 50℃时，加入无菌脱纤维羊血（或兔血）摇匀后倒平板或制斜面。37℃过夜检查无菌生长即可使用。

注：无菌脱纤维羊血（或兔血）的制备：用配备 18 号针头的注射器以无菌操作抽取全血，并立即注入装有无菌玻璃珠（约 3 mm）的无菌三角瓶中，摇动三角瓶 10 min 左右，形成的纤维蛋白会沉淀在玻璃珠上，把含血细胞和血清的上清液倾入无菌容器即得脱纤维羊（兔）血，置冰箱备用。

（16）玉米粉蔗糖培养基

60 g 玉米粉，3 g KH_2PO_4，100 mg 维生素 B_1，10 g 蔗糖，1.5 g $MgSO_4$，1000 mL 水，121℃灭菌 30 min，维生素 B_1 单独灭菌 15 min 后另加。

（17）酵母膏麦芽汁琼脂

3.0 g 麦芽粉，0.1 g 酵母浸膏，1000 mL 水，121℃灭菌 20 min。

（18）玉米粉综合培养基

5.0 g 玉米粉，0.1 g KH_2PO_4，0.3 g 酵母浸膏，1.0 g 葡萄糖，0.15 g $MgSO_4·7H_2O$，1000 mL 水，121℃灭菌 30 min。

（19）棉籽壳培养基

棉籽壳 50%，石灰粉 1%，过磷酸钙 1%，水 65%～70%，按比例称好料，充分拌匀后装瓶。

（20）复红亚硫酸钠培养基（远藤氏培养基）

10.0 g 蛋白胨，10.0 g 乳糖，3.5 g $K_2HPO_4·3H_2O$，20～30 g 琼脂，1000 mL 蒸馏水，5.0 g 无水亚硫酸钠，20 mL 5%碱性复红乙醇溶液。

先将琼脂加入 900 mL 蒸馏水中，加热溶解，再加入磷酸氢二钾及蛋白胨，使溶解，补足蒸馏水至 1000 mL，调 pH 至 7.2～7.4。加入乳糖，混匀溶解后，115℃灭菌 20 min。称取亚硫酸钠置一无菌空试管中，加入无菌水少许使溶解，再在水浴中煮沸 10 min 后，立即滴加于 20 mL 5%碱性复红乙醇溶液中，直至深红色褪成淡粉红色为止，将硫代硫酸钠与碱性复红的混合液全部加至上述已灭菌的并仍保持溶化状态的培养基中，充分混匀，倒平板，放冰箱备用。贮存时间不宜超过 2 周。

（21）石蕊牛奶培养基

100 g 牛奶粉，0.075 g 石蕊，1000 mL 水，121℃灭菌 15 min。

（22）基本培养基

10.5 g $K_2HPO_4\cdot3H_2O$，4.5 g KH_2PO_4，1.0 g $(NH_4)_2MgSO_4$，0.5 g 柠檬酸钠·2H_2O，1000 mL 蒸馏水，121℃灭菌 20 min。

需要时灭菌后加入：10 mL 20%糖，0.5 mL 1%维生素 B_1（硫胺素），1 mL 20% $MgSO_4\cdot7H_2O$，4 mL 50 mg/mL 链霉素（终质量浓度为 200 μg/mL），4 mL 10 mg/mL 氨基酸（终质量浓度为 40 μg/mL），pH 自然（～7.0）。

（23）庖肉培养基

取 500 g 去肌膜和脂肪牛肉，切成小方块，置 1000 mL 蒸馏水中，以弱火煮 1 h，用纱布过滤，挤干肉汁，将肉汁保留备用。将肉渣用绞肉机绞碎，或用刀切成细粒。

将保留的肉汁加蒸馏水，使总体积为 2000 mL，加入蛋白胨 20 g，葡萄糖 2 g，氯化钠 5 g，以及绞碎的肉渣，置烧瓶摇匀，加热使蛋白胨溶化。

取上层溶液测 pH，并调整到 8.0，在烧瓶壁上用记号笔标示瓶内液体高度，121℃灭菌 15 min 后补足蒸发的水分，重新调整 pH 为 8.0，再煮沸 10～20 min，补足水量后调整 pH 7.4。

将烧瓶内容物摇匀，将溶液与肉渣分装于试管中，肉渣占培养基 1/4 左右。121℃灭菌 15 min 后备用。如当日不用，应以无菌手续加入已灭菌的石蜡凡士林，以隔绝氧气。

（24）乳糖牛肉膏蛋白胨琼脂培养基

5.0 g 乳糖，5.0 g 牛肉膏，5.0 g 酵母膏，10.0 g 蛋白胨，10.0 g 葡萄糖，5.0 g NaCl，15.0 g 琼脂粉，pH 6.8，1000 mL 水。

（25）马铃薯牛乳培养基

200 g 去皮马铃薯煮出汁，100 mL 脱脂鲜乳，5.0 g 酵母膏，15 g 琼脂粉，加水至 100 mL，pH 7.0，制平板培养基时，牛乳与其他成分分开灭菌，倒平板前再混合。

（26）尿素琼脂培养基

20.0 g 尿素，15.0 g 琼脂，5.0 g NaCl，2.0 g KH$_2$PO$_4$，1.0 g 蛋白胨，0.012 g 酚红，1000 mL 蒸馏水，pH 6.6～7.0。

培养基的制备：在 100 mL 蒸馏水或去离子水中，加入上述所有成分（除琼脂外）。混合均匀，过滤灭菌。将琼脂加入 900 mL 蒸馏水或去离子水中，加热煮沸，121℃灭菌 15 min。冷却至 50℃，加入灭菌好的基本培养基，混匀后，分装于灭菌的试管中，放在倾斜位置上使其凝固。

（27）胰胨豆胨（trypticsoyborth）培养基

17.0 g 胰蛋白胨，3.0 g 豆胨（soytone），5.0 g NaCl，2.5 g 右旋糖（葡萄糖），2.5 g K$_2$HPO$_4$·3H$_2$O，1000 mL 蒸馏水，pH 根据需要调。

（28）BPA 培养基

5.0 g 牛肉膏，10.0 g 蛋白胨，34.0 g 乙酸钠，1000 mL 水，pH 7.2～7.4。

（29）BP 培养基

3.0 g BPA 培养基，5.0 g 牛肉膏，5.0 g NaCl，18.0 g 琼脂，1000 mL 水，pH 自然。

（30）DMEM 培养基

1）取市售 DMEM 培养基粉末 1 包，倒入 1000 mL 烧瓶中，加 800 mL 双蒸水，常温磁力搅拌 1 h。

2）称取 2.5 g NaHCO$_3$（分析纯），溶解于 200 mL 双蒸水中。

3）1）与 2）两种溶液充分混合，用稀 HCl 调 pH 至 7.2～7.4。

4）调 pH 后的 DMEM 液置于超净台上，用 0.1～0.2 μm 孔径的硝酸滤膜滤器过滤细菌。

5）过滤的 DMEM 培养基取样做无菌实验，37℃培养一周后应为阴性结果。

6）DMEM 培养基贮存于 4℃冰箱，用前加入 10%的新生牛血清即可使用。

（31）紫红胆汁琼脂培养基

3.0 g 酵母提取物，7.0 g 蛋白胨，1.5 g 胆汁盐，10.0 g 乳糖，5.0 g NaCl，0.03 g 中性红，0.002 g 结晶紫，15 g 琼脂，1000 mL 蒸馏水，pH 7.4。

（32）淀粉铵盐培养基（培养霉菌和放线菌）

10.0 g 可溶性淀粉，2.0 g (NH₄)₂MgSO₄，1.0 g K₂HPO₄·3H₂O，1.0 g MgSO₄·7H₂O，1.0 g NaCl，3.0 g CaCO₃，15～20 g 琼脂，1000 mL 蒸馏水，pH 7.2～7.4。121℃灭菌 20 min。

（33）MRS 培养基

10.0 g 蛋白胨，10.0 g 牛肉膏，5.0 g 酵母粉，2.0 g K₂HPO₄·3H₂O，2.0 g 柠檬酸二铵，5.0 g 乙酸钠，20.0 g 葡萄糖，1 mL 吐温-80，0.58 g MgSO₄·7H₂O，0.25 g MnSO₄·4H₂O，15～20 g 琼脂，pH 6.2～6.4，蒸馏水 1000 mL，121℃灭菌 15 min。

（34）LB/Amp 培养基

10 g 蛋白胨，5 g 酵母提取物，10 g NaCl，加入约 800 mL 的去离子水，充分搅拌溶解，滴加 5 mol/L NaOH（约 0.2 mL），调节 pH 至 7.0，加去离子水将培养基定容至 1 L，高温高压灭菌后，冷却至室温，加入 1 mL 100 mg/mL Ampicillin 后均匀混合，4℃保存。

（35）TB 培养基

12 g 蛋白胨，24 g 酵母提取物，4 mL 甘油，加入约 800 mL 的去离子水，充分搅拌溶解，加去离子水将培养基定容至 1 L 后，高温高压灭菌，待溶液冷却至 60℃以下时，加入 100 mL 灭菌的磷酸盐缓冲液（0.17 mol/L KH₂PO₄，0.72 mol/L K₂HPO₄），4℃保存。

（36）TB/Apm 培养基

12 g 蛋白胨，24 g 酵母提取物，4 mL 甘油，加入约 800 mL 的去离子水，充分搅拌溶解，加去离子水将培养基定容至 1 L 后，高温高压灭菌，待溶液冷却至 60℃以下时，加入 100 mL 灭菌的磷酸盐缓冲液（0.17 mol/L KH₂PO₄，0.72 mol/L K₂HPO₄）和 1 mL Ampicillin（100 mg/mL），均匀混合后 4℃保存。

（37）SOB 培养基

配制 250 mmol/L KCl 溶液。在 90 mL 的去离子水中溶解 1.86 g KCl 后，定容至 100 mL，配制 2 mol/L MgCl₂ 溶液。在 90 mL 的去离子水中溶解 19 g MgCl₂ 后，定容至 100 mL，高温高压灭菌，称取下列试剂，置于 1 L 烧杯中。20 g 蛋白胨，5 g 酵母提取物，0.5 g NaCl，加入约 800 mL 的去离子水，充分搅拌溶解，量取 10 mL 250 mmol/L KCl 溶液，加入到烧杯中，滴加 5 mol/L NaOH 溶液（约 0.2 mL），调节 pH 至 7.0，加入去离子水将培养基定容至 1 L，高温高压灭菌后，4℃保存，使用前加入 5 mL 灭菌的 2 mol/L MgCl$_2$ 溶液。

（38）SOC 培养基

配制 1 mol/L 葡萄糖溶液。将 18 g 葡萄糖溶于 90 mL 去离子水中，充分溶解后定容至 100 mL，用 0.22 μm 滤膜过滤除菌，向 100 mL SOB 培养基中加入除菌的 1 mol/L 葡萄糖溶液 2 mL，均匀混合，4℃保存。

（39）2 × YT 培养基

称取下列试剂，置于 1 L 烧杯中。16 g 蛋白胨，10 g 酵母提取物，5 g NaCl，加入约 800 mL 的去离子水，充分搅拌溶解，滴加 1 mol/L KOH，调节 pH 至 7.0，加水离子水将培养基定容至 1 L，高温高压后，4℃保存。

（40）Φb × broth 培养基

称取下列试剂，置于 1 L 烧杯中。20 g 蛋白胨，5 g 酵母提取物，5 g MgSO$_4$·7H$_2$O，加入约 800 mL 的去离子水，充分搅拌溶解，滴加 1 mol/L KOH，调节 pH 至 7.5，加水离子水将培养基定容至 1 L，高温高压后，4℃保存。

（41）NZCYM 培养基

称取下列试剂，置于 1 L 烧杯中。5 g 酵母提取物，1 g 酪蛋白氨基酸，10 g NZ 胺，5 g NaCl，2 g MgSO$_4$·7H$_2$O，加入约 800 mL 的去离子水，充分搅拌溶解，滴加 5 mol/L NaOH 溶液（约 0.2 mL），调节 pH 至 7.0，加去离子水将培养基定容至 1 L，高温高压后，4℃保存。

（42）NZYM 培养基

NZYM 培养基除不含酪蛋白氨基酸外，其他成分与 NZCYM 培养基相同。

（43）NZM 培养基

NZM 培养基除不含酵母提取物外，其他成分与 NZYM 培养基相同。

（44）一般固体培养基

按照液体培养基配方准备好液体培养基，在高温高压灭菌前，加入下列试剂中的一种。

15 g/L 琼脂（铺制平板用），7 g/L 琼脂（配制顶层琼脂用）。高温高压灭菌后，戴上手套取出培养基，摇动容器使琼脂或琼脂糖充分混匀（此时培养基温度很高，小心烫伤），待培养基冷却至 50～60℃时，加入热不稳定物质（如抗生素），摇动容器充分混匀，铺制平板（30～35 mL 培养基/90 mm 培养皿）。

（45）LB/Amp/X-Gal/IPTG

称取下列试剂，置于 1 L 烧杯中。10 g 蛋白胨，5 g 酵母提取物，10 g NaCl，加入约 800 mL 的去离子水，充分搅拌溶解，滴加 5 mol/L NaOH 溶液（约 0.2 mL），调节 pH 至 7.0，加水离子水将培养基定容至 1 L 后，加入 15 g 琼脂，高温高压灭菌后，冷却至 60℃左右，加入 1 mL 100 mg/mL Ampicillin、1 mL 24 mg/mL IPTG、2 mL 20 mg/mL X-Gal 后均匀混合，铺制平板，4℃保存平板。

（46）TB/Amp/X-Gal/IPTG

配制磷酸盐缓冲液（0.17 mol/L KH$_2$PO$_4$，0.72 mol/L K$_2$HPO$_4$）100 mL，称取下列试剂，置于 1 L 烧杯中。12 g 蛋白胨，24 g 酵母提取物，4 mL 甘油，加入约 800 mL 的去离子水，充分搅拌溶解，加水离子水将培养基定容至 1 L 后，加入 15 g 琼脂，高温高压灭菌后，冷却至 60℃左右，加入 100 mL 的上述灭菌磷酸盐缓冲液、1 mL 100 mg/mL Ampicillin、1 mL 24 mg/mL IPTG、2 mL 20 mg/mL X-Gal 后均匀混合，铺制平板，4℃保存平板。

五、常用柱料

1. DEAE 阴离子交换纤维素

（1）纤维素的处理

取纤维素干品用蒸馏水浸泡，充分溶胀并搅拌均匀，过夜。次日再搅匀，静止 30 min 留下沉集部分（重复 3 次），用真空泵抽干。然后用适量的 0.5 mol/L 的氢氧化钠溶液浸泡 30 min，抽干，蒸馏水洗至中性；再用适量的 0.5 mol/L 的盐酸溶液浸泡 30 min，抽干，蒸馏水洗至中性；重复用 0.5 mol/L 的氢氧化钠溶液浸泡 30 min，抽干，蒸馏水洗至中性。最后用 0.005 mol/L pH 6.0 的磷酸缓冲液浸泡待用。

（2）纤维素的重生

回收的纤维素先用 0.5 mol/L 氯化钠-0.5 mol/L 氢氧化钠溶液浸泡，再按上述（1）操作处理，即可再次投入使用。

回收后，用 0.5 mol/L 氢氧化钠溶液浸泡 30 min 后，蒸馏水洗至中性，抽干，于鼓风干燥箱中 60℃烘干后，保存。

2. Sephadex G 型葡聚糖凝胶

葡聚糖 G 后面的数字代表不同的交联度，数值越大交联度越小，吸水量越大。其数值大致为吸水量 X 的 10 倍。Sephadex 对碱和弱酸稳定（在 0.1 mol/L 盐酸中可以浸泡 1～2 h）。在中性时可以高压灭菌。不同型号中又有颗粒粗细之分。颗粒粗的分离效果差，流速快。颗粒越细分离效果越好，但流速也越慢。交联葡聚糖工作时的 pH 稳定在 2～13。葡聚糖 G 型凝胶分离的相对分子质量分级范围为 700 至 $8×10^5$。Sephadex G 型葡聚糖凝胶的数据见附表 5-22。

附表 5-22　Sephadex G 型葡聚糖凝胶的特性

类型	分级范围	颗粒大小/μm	特性/应用	稳定性工作 pH（清洗）	溶胀体积（mg/g凝胶）	溶胀最少平衡时间/h	
						室温	沸水浴
Sephadex G-10	<700	干粉 40～120		2～13（2～13）	2～3	3	1
Sephadex G-15	<1 500	干粉 40～120		2～13（2～13）	2.5～3.5	3	1
Sephadex G-25 Coarse	1 000～5 000	干粉 100～300	工业上去盐及交换缓冲液用	2～13（2～13）	4～6	6	2
Sephadex G-25 Medium	1 000～5 000	干粉 50～100	工业上去盐及交换缓冲液用	2～13（2～13）	4～6	6	2
Sephadex G-25 Fine	1 000～5 000	干粉 20～80	工业上去盐及交换缓冲液用	2～13（2～13）	4～6	6	2
Sephadex G-25 Superfine	1 000～5 000	干粉 10～40	工业上去盐及交换缓冲液用	2～13（2～13）	4～6	6	2
Sephadex G-50 Coarse	1 500～30 000	干粉 100～300	小分子蛋白质分离	2～10（2～13）	9～11	6	2
Sephadex G-50 Medium	1 500～30 000	干粉 50～150	小分子蛋白质分离	2～10（2～13）	9～11	6	2
Sephadex G-50 Fine	1 500～30 000	干粉 20～80	小分子蛋白质分离	2～10（2～13）	9～11	6	2
Sephadex G-50 Superfine	1 500～30 000	干粉 10～40	小分子蛋白质分离	2～10（2～13）	9～11	6	2
Sephadex G-75	3 000～80 000	干粉 40～120	中等蛋白质分离	2～10（2～13）	12～15	24	3
Sephadex G-75 Superfine	3 000～70 000	干粉 10～40	中等蛋白质分离	2～10（2～13）	12～15	24	3
Sephadex G-100	3 000～70 000	干粉 40～120	中等蛋白质分离	2～10（2～13）	15～20	48	5
Sephadex G-100 Superfine	4 000～$1×10^5$	干粉 10～40	中等蛋白质分离	2～10（2～13）	15～20	48	5
Sephadex G-150	5 000～$3×10^5$	干粉 40～120	稍大蛋白质分离	2～10（2～13）	20～30	72	5
Sephadex G-150 Superfine	5 000～$1.5×10^5$	干粉 10～40	稍大蛋白质分离	2～10（2～13）	18～22	48	5
Sephadex G-200	5 000～$8×10^5$	干粉 40～120	较大蛋白质分离	2～10（2～13）	30～40	72	5
Sephadex G-200 Superfine	5 000～$8×10^5$	干粉 10～40	较大蛋白质分离	2～10（2～13）	20～25	72	5

3. 常用 SDS-PAGE 凝胶配方（附表 5-23 和附表 5-24）

附表 5-23　SDS-PAGE 分离胶配方

成分名称		不同体积（mL）凝胶液中各成分所需体积（mL）							
		5	10	15	20	25	30	40	50
6% Gel	H_2O	2.6	5.3	7.9	10.6	13.2	15.9	21.2	26.5
	30% Acr	1.0	2.0	3.0	4.0	5.0	6.0	8.0	10.0
	1.5 mol/L Tris-HCl（pH8.8）	1.3	2.5	3.8	5.0	6.3	7.5	10.0	12.5
	10% SDS	0.05	0.1	0.15	0.2	0.25	0.3	0.4	0.5
	10% AP	0.05	0.1	0.15	0.2	0.25	0.3	0.4	0.5
	TEMED	0.004	0.008	0.012	0.016	0.02	0.024	0.032	0.04
8% Gel	H_2O	2.3	4.6	6.9	9.3	11.5	13.9	18.5	23.2
	30% Acr	1.3	2.7	4.0	5.3	6.7	8.0	10.7	13.3
	1.5 mol/L Tris-HCl （pH8.8）	1.3	2.5	3.8	5.0	6.3	7.5	10.0	12.5
	10% SDS	0.05	0.1	0.15	0.2	0.25	0.3	0.4	0.5
	10% AP	0.05	0.1	0.15	0.2	0.25	0.3	0.4	0.5
	TEMED	0.003	0.006	0.009	0.012	0.015	0.018	0.024	0.03
10% Gel	H_2O	1.9	4.0	5.9	7.9	9.9	11.9	15.9	19.8
	30% Acr	1.7	3.3	5.0	6.7	8.3	10.0	13.3	16.7
	1.5 mol/L Tris-HCl （pH8.8）	1.3	2.5	3.8	5.0	6.3	7.5	10.0	12.5
	10% SDS	0.05	0.1	0.15	0.2	0.25	0.3	0.4	0.5
	10% AP	0.05	0.1	0.15	0.2	0.25	0.3	0.4	0.5
	TEMED	0.002	0.004	0.006	0.008	0.01	0.012	0.016	0.02
12% Gel	H_2O	1.6	3.3	4.9	6.6	8.2	9.9	13.2	16.5
	30% Acr	2.0	4.0	6.0	8.0	10.0	12.0	16.0	20.0
	1.5 mol/L Tris-HCl （pH8.8）	1.3	2.5	3.8	5.0	6.3	7.5	10.0	12.5
	10% SDS	0.05	0.1	0.15	0.2	0.25	0.3	0.4	0.5
	10% AP	0.05	0.1	0.15	0.2	0.25	0.3	0.4	0.5
	TEMED	0.002	0.004	0.006	0.008	0.01	0.012	0.016	0.02
15% Gel	H_2O	1.1	2.3	3.4	4.6	5.7	6.9	9.2	11.5
	30% Acr	2.5	5.0	7.5	10.0	12.5	15.0	20.0	25.0
	1.5 mol/L Tris-HCl （pH8.8）	1.3	2.5	3.8	5.0	6.3	7.5	10.0	12.5
	10% SDS	0.05	0.1	0.15	0.2	0.25	0.3	0.4	0.5
	10% AP	0.05	0.1	0.15	0.2	0.25	0.3	0.4	0.5
	TEMED	0.002	0.004	0.006	0.008	0.01	0.012	0.016	0.02

注：Gel. 凝胶；Tris. 三羟甲基氨基甲烷。

附表 5-24　SDS-PAGE 浓缩胶（堆积胶）配方

成分名称		不同体积（mL）凝胶液中各成分所需体积（mL）							
		1	2	3	4	5	6	8	10
5% Gel	H$_2$O	0.68	1.4	2.1	2.7	3.4	4.1	5.5	6.8
	30% Acr	0.17	0.33	0.5	0.67	0.83	1.0	1.3	1.7
	1.0 mol/L Tris-HCl（pH6.8）	0.13	0.25	0.38	0.5	0.63	0.75	1.0	1.25
	10% SDS	0.01	0.02	0.03	0.04	0.05	0.06	0.08	0.1
	10% AP	0.01	0.02	0.03	0.04	0.05	0.06	0.08	0.1
	TEMED	0.001	0.002	0.003	0.004	0.005	0.006	0.008	0.01

六、常用酸碱指示剂

酸碱指示剂是一类在其特定的 pH 范围内，随溶液 pH 改变而变色的化合物，通常是有机弱酸或有机弱碱。当溶液 pH 发生变化时，指示剂可能失去质子由酸色成分变为碱色成分，也可能得到质子由碱色成分变为酸色成分；在转变过程中，由于指示剂本身结构的改变，从而引起溶液颜色的变化。指示剂的酸色成分或碱色成分是一对共轭酸碱。

1. 酸碱指示剂的变色原理

石蕊和酚酞是常用的酸碱指示剂，它们是一种弱的有机酸。在溶液里，随着溶液酸碱性的变化，指示剂的分子结构发生变化而显示出不同的颜色。

1）石蕊（主要成分用 HL 表示）在水溶液里，石蕊发生如下电离：

$$HL \rightleftharpoons H^+ + L^-$$

红色　　蓝色

在酸性溶液里，红色的分子是存在的主要形式，溶液显红色；在碱性溶液里，上述电离平衡向右移动，蓝色的离子是存在的主要形式，溶液显蓝色；在中性溶液里，红色的分子和蓝色的酸根离子同时存在，所以溶液显紫色。

石蕊能溶于水，不溶于乙醇，变色范围是 pH 5.0～8.0。

2）酚酞是一种有机弱酸，它在酸性溶液中，H$^+$浓度较高时，形成无色分子。但随着溶液中 H$^+$浓度的降低，OH$^-$浓度的升高，酚酞结构发生改变，并进一步电离成红色离子（附图 5-1）。这个转变过程是一个可逆过程，如果溶液中 H$^+$浓度增加，上述平衡向反方向移动，酚酞又变成了无色分子。

因此，酚酞在酸性溶液里呈无色，当溶液中 H$^+$浓度降低、OH$^-$浓度升高时呈红色。酚酞的变色范围是 pH 8.0～10.0。

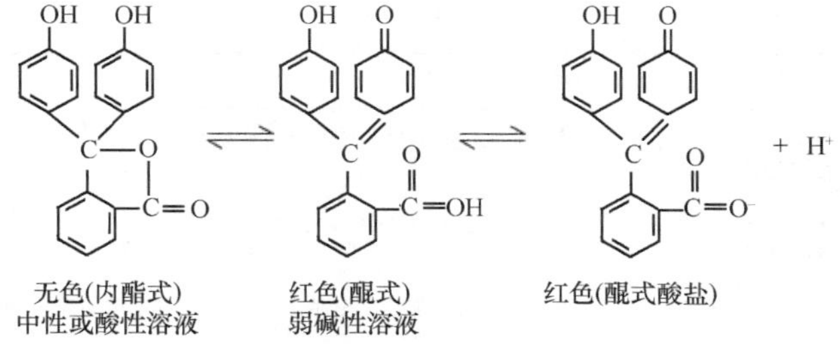

附图 5-1 酚酞的结构变化

无色(内酯式)　　　红色(醌式)　　　红色(醌式酸盐)
中性或酸性溶液　　弱碱性溶液

酚酞的醌式或醌式酸盐在碱性介质中是很不稳定的，它会慢慢地转化成无色的羧酸盐式（附图 5-2）。因此做 NaOH 溶液使酚酞显色实验时，要用 NaOH 稀溶液，而不能用浓溶液。

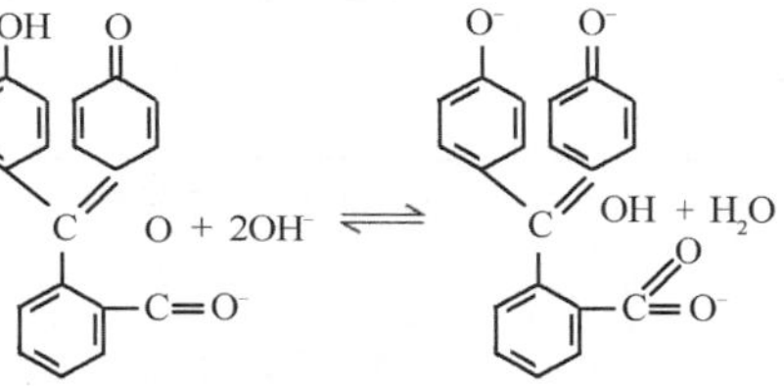

附图 5-2 酚酞浓碱条件下的结构

常用指示剂试纸的制备与用途（附表 5-25）。

附表 5-25 常用指示剂试纸的制备与用途

名称及颜色	制备方法	用途
红色石蕊试纸	用 50 份的热的乙醇溶液浸泡 1 份石蕊一昼夜，倾去浸出液，按 1 份存留石蕊加 6 份水的比例煮沸，并不断搅拌，片刻后静置一昼夜，滤去不溶物得紫色石蕊溶液，若溶液颜色不够深，则需加热浓缩，然后向此石蕊溶液中滴加 0.05 mol/L 的 H_2SO_4 溶液至刚呈红色，然后将滤纸浸入，充分浸透后取出，在避光、干燥、没有酸碱蒸汽的环境中晾干即成	在被 pH>8.0 的溶液润湿时变蓝；用纯水浸湿后遇碱性蒸汽（溶于水溶液 pH>8.0 的气体如氨气）变蓝。常用于检验碱性溶液或蒸汽等
蓝色石蕊试纸	用与上列相同的方法制得紫色石蕊溶液，向其中滴加 0.1 mol/L 的 NaOH 溶液至刚呈蓝色，然后将滤纸浸入，充分浸透后取出，用与上列相同的方法晾干即成	被 pH<5 的溶液浸湿时变红；用纯水浸湿后遇酸性蒸汽或溶于水呈酸性的气体时变红。常用于检验酸性溶液或蒸汽等
白色酚酞试纸	将 1 g 酚酞溶于 100 mL 95%的乙醇后，边振荡边加入 100 mL 水制成溶液，将滤纸浸入其中，浸透后在洁净、干燥的空气中晾干	遇碱性溶液变红，用水润湿后遇碱性气体（如氨气）变红，常用于检验 pH>8.3 的稀碱性溶液或氨气等
白色淀粉碘化钾试纸	取 1 g 可溶性淀粉置小烧杯中加水 10 mL，用玻璃棒搅拌成糊状，然后边搅拌边倒入正在煮沸的 200 mL 水中并继续加热 2~3 min 溶液变清为止，再加入 0.2 g $HgCl_2$（防霉），制成淀粉溶液。再溶解 0.4 g KI 及 0.4 g $Na_2CO_3·10H_2O$，将滤纸浸入其中，浸透后取出晾干	用于检测能氧化 I^- 的氧化剂（如 Cl_2、Br_2、NO_2、O_3、HClO、H_2O_2 等），润湿的试纸遇上述氧化剂变蓝，也可以用来检测 I_2

续表

名称及颜色	制备方法	用途
白色淀粉试纸	将滤纸浸入上列未加 KI，$Na_2CO_3 \cdot 10H_2O$ 的淀粉溶液中，浸透后取出晾干	润湿时遇 I_2 变蓝。用于检测 I_2 及其溶液
白色醋酸铅试纸	将滤纸浸入 3%的乙酸铅溶液中，浸透后取出，在无 H_2S 的环境中晾干	遇 H_2S 变黑色，用于检验痕量的 H_2S
淡黄色铁氰化钾试纸	将滤纸浸入饱和铁氰化钾溶液中，浸透后取出晾干	遇含的溶液变成蓝色，用于检验溶液中的 Fe^{2+}
淡黄色亚铁氰化钾试纸	将滤纸浸入饱和亚铁氰化钾溶液中，浸透后取出晾干	遇含 Fe^{3+} 的溶液呈蓝色，用于检验溶液中的 Fe^{3+}

几种常用酸碱指示剂的配制（附表 5-26）。

附表 5-26　常用酸碱指示剂的配制

名称	本身性质	室温下的颜色变化 pH	颜色	溶液的配制方法	10 mL 待测液需用滴数
甲基橙	碱	3.1～4.4	红～黄	每 100 mL 水中溶解 0.1 g 甲基橙	1
石蕊	酸	5.0～8.0	红～蓝	向 5 g 石蕊中加入 95%热乙醇 500 mL，充分振荡后静置一昼夜，然后倾去红色浸出液（乙醇可回收）向存留的石蕊固体中加入 50.0 mL 纯水，煮沸后静置一昼夜后过滤，保留滤液，再向滤渣中加入 200 mL 纯水，煮沸后过滤，弃去滤渣。将两次滤液混合，水浴蒸发浓缩至向 100 mL 水中加入 3 滴浓缩液即能明显着色为止	1
苯酚红	碱	6.6～8.0	黄～红	取 0.1 g 苯酚红与 5.7 mL 0.05 mol/L 的 NaOH 溶液在研钵中研匀后用纯水溶解制成 250 mL 试液	1
酚酞	酸	8.2～10.0	无色～红	将 0.1 g 酚酞溶于 100 mL 90%的乙醇中	1～3

其他酸碱指示剂的配制与显色范围（附表 5-27）。

附表 5-27　其他酸碱指示剂的配制与显色范围

名称	配制方法 (0.1 g 溶于 200 mL 下列溶剂)	颜色 酸	碱	pH 变色范围
甲酚红（酸范围）	水，含 2.62 mL 0.1 mol/L NaOH	红	黄	0.2～1.8
间苯甲酚紫（酸范围）	水，含 2.72 mL 0.1 mol/L NaOH	红	黄	1.0～2.6
麝香草酚蓝（酸范围）	水，含 2.15 mL 0.1 mol/L NaOH	红	黄	1.2～2.8
金莲橙	水	红	黄	1.3～3.0
甲基黄	90%乙醇	红	黄	2.9～4.0
溴酚蓝	水，含 1.49 mL 0.1 mol/L NaOH	黄	紫	3.0～4.6
四溴酚蓝	水，含 1.0 mL 0.1 mol/L NaOH	黄	蓝	3.0～4.6
刚果红	水或 80%乙醇	紫	红橙	3.0～5.0
溴甲酚绿（蓝）	水，含 1.43 mL 0.1 mol/L NaOH	黄	蓝	3.6～5.2

续表

名称	配制方法	颜色		pH 变色范围
	(0.1 g 溶于 200 mL 下列溶剂)	酸	碱	
甲基红	钠盐：水，游离酸，乙醇	红	黄	4.2～6.3
氯酚红	水，含 2.36 mL 0.1 mol/L NaOH	黄	紫红	4.8～6.4
溴甲酚紫	水，含 1.85 mL 0.1 mol/L NaOH	黄	紫	5.2～6.8
溴麝香草酚蓝	水，含 1.6 mL 0.1 mol/L NaOH	黄	蓝	6.0～7.6
酚红	水，含 2.82 mL 0.1 mol/L NaOH	黄	红	6.8～8.4
中性红	70%乙醇	红	橙棕	6.8～8.0
甲酚红（碱范围）	水，含 2.62 mL 0.1 mol/L NaOH	黄	红	7.2～8.8
间苯甲酚紫（碱范围）	水，含 2.62 mL 0.1 mol/L NaOH	黄	红紫	7.6～9.2
麝香草酚蓝（碱范围）	水，含 2.15 mL 0.1 mol/L NaOH	黄	蓝	8.0～3.6
麝香草酚蓝（百里酚酞）	90%乙醇	无色	蓝	9.3～10.5
茜黄	乙醇	黄	红	10.1～12.0

七、常用细胞处理剂

1. 纺锤体阻断剂

在有丝分裂过程中，随着纺锤丝的形成，染色体会被牵引到一起难以观察其形态。纺锤体的形成在于细胞质和纺锤体成分的黏度之间的平衡，因此，只要改变细胞质的黏度，即可阻碍纺锤体的形成，从而使得染色体均匀散开且染色体缢痕区更为清楚。

在培养中使用的纺锤体阻断剂为秋水仙素，在终止培养前加入适量秋水仙素可使正在分裂的细胞停留在中期，以获得大量分裂相供分析之用。

秋水仙素的浓度范围比较宽，一般使用浓度为 0.05～0.08 μg/mL，在终止培养前处理 2～4 h。但在实际操作中需要借助浓度和处理时间的变化来控制染色体的收缩程度。秋水仙素作用时间越长，被阻断的中期分裂相越多，但是染色体也越凝聚和收缩，所以还应根据经验而定。

2. 低渗溶液

低渗溶液（hypotonic solution）是指渗透压和离子强度均低于正常细胞生理条件的溶液，如水、低渗的柠檬酸钠或氯化钠、甘油磷酸钾（0.65 mol/L）、氯化钾（0.075 mol/L）等。低渗效果取决于低渗液的化学组成、低渗液的温度和处理时间。低渗处理是凭借反渗透作用使细胞膨胀、染色体铺展，同时可使黏附于染色体上的核仁物质散开，以便能在一个平面上观察所有染色体形态。

实验室中一般选用 0.075 mol/L KCl 作为低渗液（具体情况取决于实际操作）。其优点包括：可使染色体轮廓清楚，可染色性强，染色时间短；用于显带染色时能充分显示带型特点等。

低渗处理条件为 37℃、15～25 min，具体以预实验条件为准。

3. 固定液

固定液的重要特性是能迅速穿透细胞，将其固定并维持染色体结构的完整性，还要能够增强染色体的嗜碱性，以达到优良的染色效果。

单纯的固定液一般难以达到这些要求，因此在实验中常使用两种混合的固定液。由 Camoy 首先使用的卡诺固定液（甲醇和冰醋酸的混合液）是效果良好的固定液。卡诺固定液（甲醇：冰醋酸 = 3：1）每次使用前需临时配制，长时间放置影响固定效果，固定时间 15 min～24 h，于冰箱内、室温下保存均可。必要时可改变甲醇和冰醋酸的比例，冰醋酸含量增加有利于细胞膨胀、染色体铺展，但易导致细胞破裂、染色体散失。

4. 冻存液

向培养基中加入甘油或 DSMO，使其含量达到 5%～20%。保护剂的种类和用量因不同细胞而不同。配好后于 4℃下保存。

5. 消化液（胰蛋白酶溶液）

配制胰蛋白酶溶液时应注意各种牌号的不同活力及保存时间的长短，牌号不同质量会有差异，最重要的是应注意其活力。配制时按所标活性配制最适浓度的溶液，一般活力为 1：250。

0.25%胰蛋白酶溶液（活力 1：250）的配制。1：250 胰蛋白酶 0.25 g，Hanks 液 100 mL，先用少量 Hanks 液调化胰蛋白酶，然后将剩余的液体加入，置 37℃ 恒温水浴中溶解 1 h （时间视溶解程度而定，直至透彻清亮为止），溶解后用除菌滤器过滤，分装前或使用分装小瓶，密封置低温（–20℃）冰箱内保存。

6. 用于细胞骨架观察的溶液

（1）M-缓冲液

加水定容至 1 L，用 1 mol/L HCl 调 pH 至 7.2（附表 5-28）。

（2）0.2%考马斯亮蓝 R-250 染液

甲醇 46.5 mL，冰醋酸 7.0 mL，蒸馏水 46.5 mL，考马斯亮蓝 R-250 0.2 g。

附表 5-28　M-缓冲液配方

试剂	相对分子质量	浓度	用量	备注
咪唑（imidazole，pH 6.7）	68.08	50 mmol/L	3.40 g	
KCl	74.55	50 mmol/L	3.73 g	
$MgCl_2 \cdot 6H_2O$	203.30	0.5 mmol/L	0.10 g	
EGTA[乙二醇-双（2-氨乙基）四乙酸]	380.40	1.0 mmol/L	0.38 g	
EDTA·2H₂O（乙二胺四乙酸）	372.24	0.1 mmol/L	0.04 g	
β-巯基乙醇（mercaptoethanol）	78.13	1.0 mmol/L	70 μL	密度：1.114 g/mL　（14.3 mol/L）
甘油	92.09	4.0 mol/L	294.8 mL	密度：1.25 g/mL　（13.57 mol/L）

（3）PEM 缓冲液

加水定容至 1 L，用 NaOH 调节 pH 至 6.9~7.0（附表 5-29）。

附表 5-29　PEM 缓冲液配方

试剂	相对分子质量	浓度/（mmol/L）	用量/（g/L）
Pipes [哌嗪-N,N¹-双（2-乙磺酸）]	302.4	80	24.19
EGTA	380.40	1	0.380
$MgCl_2 \cdot 6H_2O$	203.30	0.5	0.101

（4）PEMD 缓冲液

含 1%二甲基亚砜（DMSO）的 PEM 缓冲液。

（5）PEMP 缓冲液

含 4%聚乙二醇（PEG，相对分子质量 6000）的 PEM 缓冲液。

（6）甲基若丹明-鬼笔环肽染液

该染料的商品是溶于甲醇中的，使用时先置密闭容器中用真空泵抽干，再用 PBS（pH 7.4）稀释 10~20 倍。

（7）50 mmol/L Pipes 缓冲液

含 Pipes 15.12 g/L 的溶液。

7. 用于细胞融合和吞噬实验的试剂

（1）Alsever's 血细胞保存液

氯化钠 0.42 g，柠檬酸钠 0.80 g，葡萄糖 2.05 g，蒸馏水 100 mL，将上述各成分混匀后，微加温使其溶解，用柠檬酸（约加 0.05 g）调节 pH 至 7.2~7.4，高压灭菌（9.9×10^4 Pa、20 min），置 4℃冰箱内保存。

（2）1%鸡红细胞（或 1%羊红细胞）保存液

采集鸡翅下静脉血（或羊血），以 1∶5 的比例（*V/V*）保存于 Alsever's 血细胞保存液中，于 4℃下保存，一周内使用。临用前，用 0.75%（羊血用 0.85%）生理盐水以 1500 r/min 条件离心洗 3 次，时间分别是 5 min、5 min、10 min，弃上清液，再用生理盐水或 Hanks 液稀释，配制成 1%鸡红细胞（或 1%羊红细胞）悬液。

（3）50% PEG 的配制

将 10 g PEG 在 9.9×10^4 Pa、15 min 条件下高压灭菌，冷却至约 5℃时，倒入 10 mL 已预热至约 50℃的 Hanks 液中，混匀。制备过程中如有凝固现象，可在酒精灯上略烤，使其熔化，然后按每瓶 1 mL 分装，置–20℃下保存。

8. 用于 Feulgen 反应的试剂

（1）Schiff 无色晶红试剂配法

用三角烧瓶盛蒸馏水 100 mL 煮沸；加入 0.5 g 碱性品红，再煮，并振荡 5 min（注意放品红时不要在沸腾时加入）；待冷至 5℃时用粗滤纸过滤；加入 1 mol/L 盐酸 10 mL；待冷至 25℃时加入偏重亚硫酸钠（或偏重亚硫酸钾）2.5 g；摇匀后紧塞瓶口，置于暗处过夜，结果溶液呈淡黄色（配制适当时，溶液接近无色）；加入活性炭 0.5 g，振荡 1 min，静置约 30 min，过滤后溶液应完全无色；置 4℃冰箱内保存，用前预先取出使之恢复到室温后再用。

（2）Schiff 试剂活力的测定

加几滴 Schiff 试剂于 10 mL 福尔马林中，假如溶液立即变为紫红色，则表明仍有效；若显色很慢且显示的颜色为蓝色，则说明试剂已经失效。

（3）SO_2 水溶液的配制方法

用 10%偏重亚硫酸钾溶液 5 mL、1 mol/L 盐酸 5 mL、蒸馏水 90 mL 配制。注意应在使用前现配。

9. 免疫细胞化学常用试剂

（1）固定剂

大多数神经激素、肽类为水溶性物质，在用于免疫细胞化学研究之前，常需固定。但肽类和蛋白质的物理性质、化学性质不同，因而对不同的固定方法或固定剂的反应也不尽相同。某些固定剂甚至可同时破坏和/或保护同一抗原的不同抗原决定簇。因此，在进行免疫细胞化学研究之前，有必要了解所要研究的物质（蛋白质或肽类）的化学性质，并根据需要来选择适宜的固定剂（或固定方法）及改进固定条件。目前，免疫细胞化学研究中常用的固定剂仍为醛类固定剂，其中以甲醛类和戊二醛最为常用。

1）1.4%多聚甲醛-0.1 mol/L 磷酸缓冲液（pH 7.3）。多聚甲醛 40 g，0.1 mol/L 磷酸缓冲液（PB）1000 mL。配制时，称取 40 g 多聚甲醛，置于三角瓶中，加入 500～800 mL 0.1 mol/L PB，加热至 60℃左右，持续搅拌（或磁力搅拌）使粉末完全溶解，通常需滴加少许 1 mol/L NaOH 才能使溶液清亮，最后补足 0.1 mol/L 的 PB 至 1000 mL，充分混匀。该固定剂较适于光镜免疫细胞化学研究，最好是动物经灌注固定取材后，继续浸泡固定 2～24 h。另外，该固定剂较为温和，适于组织标本的较长期保存。

2）2.4%多聚甲醛-磷酸二氢钠-氢氧化钠。①A 液：多聚甲醛 40 g，蒸馏水 400 mL；②B 液：$Na_2HPO_4 \cdot 2H_2O$ 16.88 g，蒸馏水 300 mL；③C 液：NaOH 3.86 g，蒸馏水 200 mL。配制时，A 液最好在 500 mL 的三角瓶中配制，待多聚甲醛完全溶解后冷却待用。注意在溶解多聚甲醛时，要尽量避免吸入气体或溅入眼内。B 液和 C 液配制好后，将 B 液倒入 C 液中，混合后再加入 A 液，以 1 mol/L NaOH 或 1 mol/L HCl 将 pH 调至 7.2～7.4，最后，补充蒸馏水至 1000 mL 后充分混合，置 4℃冰箱内保存备用。该固定剂适于光镜和电镜免疫细胞化学研究，用于免疫电镜时，最好加入少量新鲜配制的戊二醛，使其终含量为 0.5%～1%。该固定剂较温和，适于组织的长期保存。组织标本于该固定液中，置 4℃冰箱内保存数月仍可获得满意的染色效果。

3）Bouin's 液及改良 Bouin's 液。饱和苦味酸，40%甲醛 250 mL，冰醋酸 50 mL。配制时，先将饱和苦味酸过滤，加入甲醛（有沉淀者禁用），最后加入冰醋酸，混合后存于 4℃冰箱中备用。冰醋酸最好在临用前加入。改良 Bouin's 液不加冰醋酸。该固定液为组织学、病理学常用固定剂之一，对组织的穿透力较强，固定效果较好，结构完整。但因偏酸性（pH 3～3.5），对抗原有一定损害且组织收缩较明显，故不适于组织标本的长期保存。此外，操作时，应避免吸入或与皮肤接触。

4）Zamboni's（Stefanini's）液。多聚甲醛 20 g，饱和苦味酸 150 mL，Karasson-Schwlt's PB 1000 mL。配制时，称取多聚甲醛 20 g，加入饱和苦味酸 150 mL，加热至 60℃左右，持续搅拌使之充分溶解、过滤、冷却后，加 Karasson-Schwlt's PB 至 1000 mL，充分混合（Karasson-Schwlt's 磷酸缓冲液的配制方法见后）。该固定液适用于电镜免疫细胞化学研究，对超微结构的保存较纯甲醛为优；也适用于光镜免疫细胞化学研究，为实验室常用固定剂之一。在应用中，常采用 2.5%的多聚甲醛和 30%的饱和苦味酸，以增加其对组织的穿透力和固定效果、保存更多的组织抗原。固定时间为 6～18 h。

5）PLP 液。PLP 液即过碘酸盐-赖氨酸-多聚甲醛固定液（periodate-lysineparaform-aldehyde fixative），主要成分为过碘酸钠、赖氨酸盐酸盐（或盐酸赖氨酸）、多聚甲醛、蒸馏水。先配制贮存液 A（0.1 mol/L 赖氨酸、0.5 mol/L Na_3PO_4, pH 7.4）：称取赖氨酸盐酸盐 1.827 g 溶于 50 mL 蒸馏水中，得 0.2 mol/L 的赖氨酸盐酸盐溶液，然后加入 Na_2HPO_4 至 0.1 mol/L，将 pH 调至 7.4，补足 0.1 mol/L 的 PB 至 100 mL，使赖氨酸浓度也为 0.1 mol/L，于 4℃冰箱中保存，最好在两周内使用。此溶液的渗透浓度为 300 mOs·mmol/L。然后，配制贮存液 B（8%多聚甲醛溶液）：称取 8 g 多聚甲醛加入 100 mL 蒸馏水中，配成 8%多聚甲醛液，过滤后于 4℃冰箱中保存。临用前，以 3 份 A 液与 1 份 B 液混合，再加入结晶过碘酸钠（$NaIO_4$），使 $NaIO_4$ 终含量为 2%。由于 AB 两液混合，pH 从约 7.5 降至 6.2，故固定时不需再调节 pH。固定时间为 6~18 h。

　　该固定剂较适用于富含糖类的组织，对超微结构及许多抗原的抗原性保存较好。其机制是借助过碘酸氧化组织中的糖类形成醛基，通过赖氨酸的双价氨基与醛基结合，从而与糖形成交联。由于组织抗原绝大多数都是由蛋白质和糖两部分构成，抗原决定簇位于蛋白质部分，故该固定剂有选择性地使糖类固定，这样既稳定了抗原，又不影响其在组织中的位置关系。建议的最佳组合：0.01 mol/L 的过碘酸盐，0.075 mol/L 的赖氨酸，2%的多聚甲醛及 0.037 mol/L 的磷酸缓冲液。

　　6）Karnovsky's 液（pH 7.3）。多聚甲醛 30 g，25%戊二醛 80 mL，0.1 mol/L PB 1000 mL。配制时，先将多聚甲醛溶于 0.1 mol/L PB 中，再加入戊二醛，最后加 0.1 mol/L 的 PB 至 1000 mL，混匀。该固定剂适用于电镜免疫细胞化学研究，用该固定液在 4℃下短时间固定，比在较低浓度的戊二醛中长时间固定能更好地保存组织的抗原性和细微结构。固定时最好先灌注固定，接着浸泡固定 10~30 min，用缓冲液漂洗后即可进行树脂包埋或经蔗糖溶液处理后用于恒冷切片。

　　7）0.4%对苯醌（para-benzoquinone）。对苯醌 4.0 g，0.01 mol/L PBS 1000 mL。配制时，称取 4.0 g 对苯醌溶于 1000 mL 0.01 mol/L 的 PBS 即可。对苯醌对抗原具有较好的保护作用，但对超微结构的保存有一定影响，故常与醛类固定剂混合使用。一般要求临用前配制，且避免加热助溶，因加热或放置时间过长，固定液变为棕色至褐色，会使组织标本背景加深，影响观察。此外，对苯醌有剧毒，使用时避免吸入或与皮肤接触。

　　8）PFG 液（para-benzoquinone-formaldehyde-glutaraldehyde fixative，PFG）。对苯醌 20 g，多聚甲醛 15 g，25%戊二醛 40 mL，0.1 mol/L 二甲酸钠缓冲液 1000 mL。配制时，先以 500 mL 左右的二甲酸钠缓冲液溶解对苯醌及多聚甲醛，然后加入戊二醛，最后加入二甲酸钠缓冲液至 1000 mL，充分混合。对苯醌与戊二醛及甲醛联合应用，即可阻止醛基对抗原的损害，又不影响超微结构的保存，故适用于多种类抗原的免疫细胞化学研究，尤其是免疫电镜的研究。

　　9）碳二亚酰胺-戊二醛（ECD-G）液。0.05 mol/L PB 500 mL，0.01 mol/L PBS

500 mL，Tris 约 14 g，浓 HCl 少许，ECD 10 g，25%戊二醛 3.5 mL。配制时，先以约 500 mL 的 PB 与相同体积的 PBS 混合，加入 Tris（使其终含量为 1.4%）溶解，以浓 HCl 调 pH 至 7.0，再将事先称取好的 ECD 和戊二醛加入混合液中，振摇后计时，用 pH 计检测，2～3 min 时，pH 降至 6.6，再以 1 mol/L 的 NaOH 在 4 min 内调 pH 至 7.0，此时，将该混合固定液加入盛有细胞（经 PBS 漂洗过）的器皿中，在 23℃固定 7 min 后，用 PBS 洗去固定液，即可进一步处理。ECD 即乙基-二甲基氨基丙基碳亚胺盐酸盐 [1-ethyl-3(3-dimethyl-amin-oprpyl)-carboi-imide hydro-chloride]，常用于多肽类激素的固定，对酶等蛋白质的固定也有良好效果。ECD 单独应用时，边缘固定效应重，但与戊二醛、Tris 及 PB 联合应用，效果明显改善，细胞质仍可渗透，利于细胞中抗原的定位，超微结构保存较好。目前被认为是一种用于培养细胞电镜水平免疫细胞化学研究的很好的固定剂。

　　10）四氧化锇（锇酸，osmic acid，OsO_4）。将洗净的装有 OsO_4 的安瓿瓶加热后，迅速投入装有溶剂的棕色瓶中，使安瓿遇冷自破。也可用钻石刀在安瓿瓶上划痕，洗净后再放入棕色瓶中，盖好瓶塞，用力撞击安瓿，待其破后加溶剂稀释。为保证充分溶解，应在用前几天配制。

　　2% OsO_4 水溶液。取 1 g OsO_4 溶于重蒸水中。此液常作为贮备液，于冰箱中密封保存。

　　1% OsO_4-PB 的配制。A 液为 2.26% $NaH_2PO_4·2H_2O$；B 液为 2.52%戊二醛 8.5 mL；C 液为 5.4%的葡萄糖溶液；OsO_4 0.5g。配制时，先分别配好 A、B、C 三种液体，取 A 液 41.5 mL 与 B 液 8.5 mL 混合，将 pH 调至 7.3～7.4，取 A、B 混合液 45 mL 再与 5 mL C 液混合即为 0.12 mol/L PBG。

　　1% OsO_4-0.1 mol/L 二甲砷酸钠缓冲液（pH 7.2～7.4）。2% OsO_4 水溶液 10 mL，0.2 mol/L 二甲砷酸钠缓冲液（pH 7.2～7.4）10 mL。配制时，取 2% OsO_4 贮备液 10 mL 与等量 0.2 mol/L、pH 7.2～7.4 的二甲砷酸钠缓冲液充分混合即可。

　　OsO_4 是电镜研究所必需的试剂，常用于后固定。尽管 OsO_4 主要为脂类固定剂，但也可与肽类及蛋白质起作用，形成肽-蛋白质或肽-脂交联。过氧化物酶的反应产物经 OsO_4 处理后，电子密度增高，适于电镜研究。但由于 OsO_4 的反应产物对光及电子有较明显的吸收能力，因此在免疫细胞化学染色前常需除去锇，在光镜水平常用 1%的高锰酸钾处理，在电镜水平则常用 H_2O_2 来处理。

　　固定液种类还很多，如 70%～90%的乙醇、丙酮、乙酸-乙醇（含 0.1%～1%乙酸的 70%～90%的乙醇）等，这些溶液都能促使蛋白质凝固。它们最初只是光学显微观察通用的固定液，但在免疫细胞化学研究中用其他方法不成功时，也可试用。总之应掌握一个原则，免疫细胞化学中，含重金属的固定液禁用（zenker-formdin 可进行短时的固定）。目前普遍认为，对生物标本较好的固定措施是用的 Karnovsky's 液灌注固定 10～30 min 后，接着在 pH 7.3、0.1 mol/L 的二甲砷酸钠缓冲液中漂洗过夜，这种短时冷固定处理有助于对超微结构和许多肽类抗原的保存。对其他较难保存的抗原可尝试 PFG、PLP 及 Zamboni's 液等混合固定液。

（2）显色液

免疫细胞化学中，由于抗原-抗体反应所形成的复合物本身无色，无法直接观察，因而需借助某些化学基团的呈色作用，使其得以显示，以利于在显微镜下观察。

1）DAB（diaminobenzidine）显色液。DAB 即 3,3-二氨基苯联胺。需要 DAB（常用四盐酸盐）50 mg，0.05 mol/L TB 100 mL，30% H_2O_2 30～40 μL 配制时，先以少量 0.05 mol/L（pH 7.6）的 TB 溶解 DAB，然后加入剩余 TB，充分摇匀，使 DAB 终含量为 0.05%，过滤后显色前加入 30% H_2O_2 30～40 mL，使其终含量为 0.01%。

DAB 显色液主要应用于免疫过氧化物酶法（如酶标法、PAP 法等）中，其终产物可直接在光镜下观察，也可经 OsO_4 处理后，增加反应产物的电子密度，用于电镜观察。但有几点需注意：DAB 溶解要完全，否则未溶解的颗粒沉积于标本上会影响观察；DAB 浓度不宜过高，否则显色液呈棕色，增加背景染色；另外，DAB 有致癌作用，故操作时应戴手套，尽量避免与皮肤接触，用后应及时彻底冲洗，接触 DAB 的实验用品最好经洗液浸泡 24 h 后再使用。

2）4-氯-1-萘酚（4-Cl-1-naphthol）显色液。配方 A：4-Cl-1-萘酚 100 mg，无水乙醇 10 mL，0.05 mol/L TB（pH 7.6）190 mL，30% H_2O_2 10 μL（0.003%）。配制时，先将 4-Cl-1-萘酚溶解于乙醇中，然后加入 TB 19 mL，用前加入 30% H_2O_2 使其终含量为 0.005%。切片显色时间通常为 5～20 min。配方 B：4-Cl-1-萘酚 100 mg，N-二甲基甲酰胺（DMF）10 mL，0.05 mol/L TB（pH 7.6）190 mL，30% H_2O_2 10 μL（0.003%）。配制时，先将 4-Cl-1-萘酚加入 DMF 中，加热溶解使之呈乳白色，再加入 TB，乳白色变为絮状，在 75℃加热 5 min 后加入 H_2O_2，搅动使絮状物消失，趁热过滤，当温度降至略低于 50℃时再放入组织标本（注意：温度过高易损伤标本，过低则易重新出现沉淀），显色时间通常为 5 min 左右。

4-Cl-1-萘酚的终产物显示蓝色。通常认为最好去除白色沉淀，但白色沉淀可作为背景，使阳性部位更易观察。由于乙醇可溶解 4-Cl-1-萘酚显色的组织标本，因此不能用乙醇脱水。

3）3-氨基-9-乙基咔唑（3-amino-9-ethylcarbozole，AEC）显色液。AEC 20 mg，二甲基甲酰胺（DMF）2.5 mL，0.05 mol/L 乙酸缓冲液（pH 5.5）50 mL，30% H_2O_2 25 mL。配制时，先将 AEC 溶于 DMF，再加入乙酸缓冲液充分混匀。临显色前，加入 30% H_2O_2。切片显色时间为 5～20 min。该显色液作用后，阳性部分呈深红色，加以苏木精或亮绿等进行背景染色，则效果更佳。由于终产物溶于乙醇和水，故需用甘油封固。

4）TMB 显色液。配方包括 TMB、HCl、亚硝基铁氰化钾和无水乙醇。配制方法如下。

乙酸盐缓冲液：取 1.0 mol/L 的 HCl 190 mL 加入 1.0 mol/L 的乙酸钠溶液 400 mL 中混合，再加蒸馏水稀释至 1000 mL，用乙酸或 NaOH 将 pH 调至 3.3。

A 液：取上述缓冲液 5 mL，溶解 100 mg 亚硝基铁氰化钾，加蒸馏水 92.5 mL 混合。

B 液：称取 5 mg TMB 加入 2.5 mL 无水乙醇中，可加热至 37～40℃直到 TMB 完全溶解。

孵育液：放入标本前数秒，取 2.5 mL B 液及 97.5 mL A 液于试管中充分混合（液体在 20 min 内应保持清亮的黄绿色，否则可能已有污染）。酶反应时，加入终含量为 0.005%的 H_2O_2。

主要显色步骤：组织标本在蒸馏水（或 PBS）中漂洗数次（每次 10～15 min）后放入未加 H_2O_2 的孵育液中作用 20 min（19～30℃），然后向孵育液中加入 H_2O_2（每 100 mL 孵育液中加 0.3%的 H_2O_2 1.0～5.0 mL），继续孵育液 20 min 左右（19～23℃），捞出标本漂洗数次（共 30 min 左右）。在 0～4℃条件下可在漂洗液中放置 4 h，直至贴片、脱水、封片。也可在贴片前在 1%的中性红中负染 2～3 min，也可在派诺宁（pH 3.3～3.5）中负染 5 min 后贴片、脱水、封片。

四甲基联苯胺（tetrabenzidine，TMB）是一种脂溶性较强的物质，因此容易进入细胞与细胞器中的 HRP 反应，且由于这种高度的脂溶性，使其易形成多聚体，在 HRP 活性部位产生粗大的、深蓝色沉淀物，这使得 TMB 成为组化实验中的一种很好的发色团。同时反应产物的沉淀使得 HRP 的活性部位更加暴露，利于酶氧化反应的进行。TMB 的反应产物为深蓝色，利于光镜观察，且反应产物越聚越大，常超出单个细胞器的范围（而 DAB 则被限制在其内），故 TMB 反应的检测阈较低。由于上述优点，目前 TMB 常用于光镜及超微结构水平的 HRP 及 HRP-WGA 神经投射的研究。需要注意的是，TMB 显色液中的 A 液和 B 液应在使用前 2 h 内新鲜配制。另外，TMB 是一种较强的皮肤刺激剂，并有致癌的潜在可能，故使用时应戴手套并在通风条件下操作。

5）NBT 显色液。①A 液，5%氮蓝四唑（nitro-blue-tetrazolium，NBT）。称取 0.5 g NBT 溶于 10 mL 70%二甲基甲胺（DMF）内，充分混合，保存于 4℃下，也可分装成小份，于 20℃下保存，用前恢复至室温。②B 液，5% 5-溴-4-氯-3-吲哚-磷酸盐（5-bromo-4-chloro-3-indolyl-phosphate，BCIP）。称取 BCIP 0.5 g 溶于 10 mL 100%的 DMF 内，混匀。4℃下保存或分装存于–20℃下，用前恢复至室温。③C 液（显色液），取 A 液 4 μL，加入到盛有 10 mL 0.1 mol/L Tris-HCl（pH 9.5）、0.1 mol/L NaCl、5 mmol/L $MgCl_2$ 的管内，充分混匀；再加入 B 液 40μL，轻轻混

合即可，最好用前新鲜配制。

NBT 相对分子质量为 818，为深蓝色无定形微溶物质；当与 BCIP 共存时，在碱性磷酸酶（alkaline phosphatase，AP）的作用下，NBT 被还原形成显微镜下可见的蓝色或紫色沉淀。

（3）黏附剂

在免疫细胞化学工作中，由于标本（如切片）的脱落常影响工作的质量和速度，故黏附剂的选择和使用就显得较为重要。

1）铬矾明胶液。铬矾 0.5 g，明胶（gelatine）5 g，加 H_2O 至 1000 mL。配制时，在 1000 mL 的烧杯或烧瓶中，以 500～800 mL H_2O 加热溶解明胶，待其完全溶解后，再加入铬矾。注意温度过高易使明胶烧糊，包被玻片时最好控制水温在 70℃。如有明显残渣，应过滤后再使用。

2）甲醛-明胶液。40%甲醛 2.5 mL，明胶 0.5 g，蒸馏水 100 mL。配制时，用少许蒸馏水（约 80 mL）加热溶解明胶，待完全溶解后，加入甲醛，最后补充蒸馏水至 100 mL 混匀即可。

3）多聚赖氨酸（poly-L-lycine，PLL）。多聚赖氨酸 5 g，蒸馏水 1000 mL。配制时，称取 5 g PLL，溶于水中，充分混合即可，此液多聚赖氨酸含量为 0.5%，可适当稀释配成 0.01%～0.5%浓度。4℃下保存，也可–20℃下保存备用。PLL 可反复冰冻，对效果无明显影响，工作液通常再稀释 10～50 倍。

4）Vectabond 试剂。这是一种新型玻片黏附剂，与一般的黏附剂不同，它是通过对玻璃表面起化学修饰作用，改变其表面的化学物理特性，使组织切片牢固地贴于玻璃片上，贴上后不易脱落，保留时间较久。一个试剂盒（7 mL）可配成 350 mL 工作液（用丙酮调配）。处理载玻片前（事先进行酸处理），用染色缸装好各种液体，按下列程序进行：干净载玻片→丙酮（5 min）→Vectabond 试剂工作液（7 mL Vectabond + 350 mL 丙酮）（将载玻片用镊子夹住浸入 Vectabond 试剂 1～2 次）→ dH_2O（2 × 5 min）→ 干燥（37℃过夜用铝箔包好，室温下存放备用。配制时注意避免污染（尘埃等）。用上述方法处理的载玻片一般可存放半年以上。

（4）封固剂

1）甘油-TBS 或甘油-PBS。甘油 90 mL，0.01 mol/L PBS 10 mL；或甘油 75 mL，0.01 mol/L PBS 25 mL。配制时，按比例将甘油和 TBS（或 PBS）充分混合后，于 4℃冰箱中静置，待气泡排除后方可使用。

2）甘油-明胶（冻）。明胶 10 g，甘油 12 mL，香草酚少许，蒸馏水 100 mL。配制时，称取 1 g 明胶于温热（约 40℃）的蒸馏水中，充分溶解后过滤，再加入 12 mL 甘油混合均匀。加少许香草酚是为了防腐。

3）液体石蜡。液体石蜡因含杂质少，很少引起非特异性荧光，故常用于荧光组化分析法及免疫荧光法中标本的封固。

4）联苯乙烯-可塑剂-二甲苯（distyrylarylene-plasticizers-xylene，DPX）。联苯乙烯 10 g，酞酸丁二酯 5 mL，二甲苯 35 mL。DPX 为中性封固剂，可用于多种样品染色，不易褪色，但组织收缩较明显，故应尽量使其形成均匀的一薄层。DPX 现有商品出售，可直接应用。若感到过于黏稠，也可加少量二甲苯稀释后应用。注意二甲苯不可加得太多，因二甲苯挥发后，片子上会出现许多干燥的空泡而影响观察，遇有这种情况，可用二甲苯浸泡盖玻片后重新封固。

（5）酶消化液

1）0.1%胰蛋白酶。胰蛋白酶 0.1 mg，0.1%氯化钙（pH 7.8）100 mL。配制时，先配制 0.1%的 $CaCl_2$，用 0.1 mol/L NaOH 将其 pH 调至 7.8，然后加入蛋白酶溶解。用前将胰蛋白酶消化液在水浴中预热至 37℃（载有标本的玻片也在 TBS 中预热至同样温度）。该消化液作用时间约为 5～30 min。

2）0.4%胃蛋白酶。胃蛋白酶 400 mg，0.1 mol/L HCl 100 mL 配制方法同胰蛋白酶。在 37℃下消化时间约为 30 min。

在免疫细胞化学染色中，有时经福尔马林过度固定的标本，常会产生过量的醛基遮盖抗原，影响一抗与抗原的结合。用蛋白酶溶液消化可起到暴露抗原部分的作用。消化时间应根据不同组织而异，总之，在保持组织形态不被破坏的前提下，宜尽量延长消化时间。以上两种酶消化液中，第一种较为常用。

10. 常用电泳缓冲液和凝胶加样液

（1）50 × TAE

TAE 是常用 DNA 电泳缓冲液。50 × TAE 含有 2 mol/L Tris-acetate、50 mmol/L EDTA，0.1%的 DEPC 处理水组成。即称取 242 g Tris 碱、57.1 mL 冰醋酸（17.4 mol/L）、200 mL 0.5 mol/L EDTA（pH 8.0），加入 0.1%的 DEPC 处理水至 1 L。1 × TAE 为工作液。

（2）5 × TBE

TBE 是常用 DNA 电泳缓冲液。5 × TBE 含有 450 mmol/L Tris-硼酸、10 mmol/L EDTA，0.1%的 DEPC 处理水组成。即称取 54 g Tris 碱、27.5 g 硼酸、20 mL 0.5 mol/L EDTA（pH 8.0），加入 0.1%的 DEPC 处理水至 1 L。0.5 × TBE 为工作液。